么总是看自己不顺眼

[美]哈尔·斯通（Hal Stone）[美]西德拉·斯通（Sidra Stone）著

张歆彤 单逍逸 译

Embracing Your Inner Critic

Turning Self-Criticism into a Creative Asset

山西出版传媒集团 山西人民出版社

CONTENTS 目 录

1

ONE
Introducing Your Inner Critic

第一部分

认识你内心的
找茬鬼

第一章
你内心的找茬鬼是谁，它从哪里来？

> 在自我探索的旅程中，停下不断寻找问题的脚步。找到自己，发现我们是谁，我们如何思考！把评判放在一边，去探索那些了不起的自我，享受越来越坦诚和越来越自由的生活。

从前，有一个淘气的小妖精，他想到了一个好主意。他要发明一面镜子，在这面镜子中，一切美好都不值一提，甚至令人厌烦。当你站在这面镜子前，你看不到自己的美，也忘了这世界的美好。你只能看到邪恶和丑陋，并且认为它们非常重要。在镜子里，美丽的风景变成了成堆的垃圾，好人看起来又蠢又坏，人们的脸变形了，难以辨认。但是，如果哪个人因为某件事情而感到羞耻，或是想要隐藏什么，毫无疑问，那就会被镜子加重呈现。

小妖精做好了镜子，他很满意。在镜子里，所有人都只能看到邪恶和丑陋，世界上一切的美好都变得扭曲错乱，面目全非。

　　一天，小妖精的助手们决定把这面镜子带到天堂。即便是天使看到了，也会认为自己又丑又蠢，就连上帝都有可能会在镜子中看到自己！他们这样期待着。可是，在天堂门口，一股无形的力量阻止了他们，他们扔掉了那面可怕的镜子。镜子坠下来，摔成了无数个碎片。

　　最不幸的事情发生了。比沙粒还小的镜子碎片满世界乱飞。如果它飞进了人们的眼睛里，便贴住不动，人们看到的一切都变得丑陋、痛苦。所有美好看起来都蠢极了。每片小小的碎片都有整面镜子的魔力！

　　有的碎片飞进了人们的心里，那很不幸，他们的心变得像冰块一样冰冷，再也感受不到爱。

　　小妖精看着这一切，笑得肚子都疼了。镜子碎片仍在四处飞舞。

　　现在我们都知道了这个故事……

节选自《白雪皇后》（*The Snow Queen*）

汉斯·克里斯汀·安徒生（Hans Christian Andersen）

　　你心里的找茬鬼（Inner Critic）就像那一小片镜子，映射出错乱、扭曲的画面。是我们内在的声音在批评、贬损我们，而不是我们的行为本身出现了错误。在这些声音中，所有事情看起来都丑陋不堪。然而，大多数人都意识不到，这些评判只是我们内在的声音，是我们的某个内在自我在说话。因为它们自童年开始就伴随着我们，从未停歇。它们好像已经自然而然地，成为我们身体中的一部分。找茬鬼在我们小的时候就已经形成了，它从我们身边人的评价和社会的期望中吸收养分。当我们探讨这些评判的声音时，请记住，找茬鬼和审判官（Judge）都是我们的内在自我，找茬鬼批评自己，而审判官批评别人。

全世界都有找茬鬼

　　我们行走于世界各地，与来自不同文化背景的人一起工作，我们惊讶地发现，找茬鬼竟如此普遍地存在于大家的心中，而它的力量那么强大。它们虽然衣着各异，但都很容易辨认！无论我们在哪里讲课，欧洲、以色列、澳大利亚还是美国，不管我们同哪个国家的人共事，日本人、中国人还是东南亚人，我们都能发现找茬鬼的身影。然而，找茬鬼批评的内容却不尽相同，与它所在的文化价值体系有关。我们对这些差异感到好奇。

举个例子，在美国，找茬鬼可能会因你不够特别或者不够优秀而批评你。他不希望你泯然于众，成为芸芸众生。而来自澳大利亚的找茬鬼则抱持着完全相反的观点。在他们国家，有这样一句谚语："不要做高罂粟花，会被砍掉。"他们希望你不要与众不同，不要标新立异，也不要引人注目。荷兰和其他受加尔文主义影响较深的北欧国家有着相似的价值体系，他们也认为不要突显自己。就算你真的做了特别的事情，也不要突出自己。在这些国家中，找茬鬼们带着审视的眼光，对特立独行的人评头论足。

我们注意到，所有国家的找茬鬼都有一个特点：他们都让人心情低落，效率低下，觉得自己一无是处。如果没有这些批评的声音，生活会变成什么样子呢？这是一个有趣的问题，但在现实生活中，我们不想，也不能摆脱它们。正如我们将在这本书中读到的，一旦我们开始识别找茬鬼，学会与它相处，它就会成为我们的盟友。然而，如果我们没有发现它，我们就必须不停地取悦它。

你无法取悦找茬鬼

不管你多么努力地尝试，找茬鬼都不会满意。无论你多么顺从，按照它的标准改变自己，它还是会跟着你，并且变得越来越强大。找茬鬼像吹毛求疵的父母一样，不论你做什么都不对；也很像多头龙，只要没有被打死，就会不停地长出新的脑袋。你越努力改变自己，找茬鬼就变得越强大。它从你的取悦中获得力量。你所能做的是结束这场游戏，而这就是这本书将要教你的——如何停止评判的游戏。

疯狂电台

当我们还是小朋友的时候，找茬鬼就出现在我们的生活中，保护我们的安全了。要知道，从那时候起，它就像广播电台一样，大肆宣传我们所有的错误。我们把这个电台叫作疯狂电台（KRAZY）。它像背景音乐一样，连续播放了几十年，大部分人已经听不到它了，因为我们对它习以为常，不再注意它了。

人们看到找茬鬼，听到"疯狂电台"的广播后，经常这样对我们说："你知道吗，我听这个声音听了一辈子，我以为这就是我！"我们明确地告诉你，**找茬鬼不是你！** 它是因为某些特定的原因，而在你心里形成的声音。你可以摆脱它，不必让它一直主宰你的生活！

C位的找茬鬼

接下来我们会看到，每个人都是由许多不同的自我组成的。我们之所以将"C位"让给找茬鬼，是因为它的声音会阻止我们个人的成长，就算不是完全压制，也是严重阻碍。它限制了我们的创造力。它是怎么做到的？

想象在半夜十二点，你去厨房吃了两个三明治，夹着花生酱和果酱，非常好吃。吃完后，找茬鬼会立刻把你批评得体无完肤。它告诉你你有多糟糕、多邋遢；你没有自制力，现在没有，以后也不会有；你是个恶心的，让人讨厌的大胖子。它一直喋喋不休地抱怨，过不了多久，吃两个三明治就会成为危害人类的重大罪行。

这样的声音阻止了一切成长的可能。它将夜晚的派对变成了反人类的罪行。在这种情况下，我们很难解决暴食的问题，或是看到其背后的意义。我们对三明治感觉糟糕：它让我们感到羞耻。在这件事中，找茬鬼成为主要的矛盾点。我们所面对的，不再是食物问题：食物对我们意味着什么，它们怎样成为我们处理压力和焦虑的工具。现在的问题变成了怎样应对评判的声音，在失控的攻击之下，吃东西成为重要的疾病。一旦找茬鬼成为权威人士，就不难理解为什么人们会出现种种成瘾行为：暴食、吸烟、酗酒、吸毒、沉迷性爱或健身。他们用这种方式来掩藏自己的负面感受，那些因为找茬鬼的攻击而产生的负面感受。最初的问题被忽略了，现在，问题变成了找茬鬼。

一旦你发现这些评判是找茬鬼的声音，是疯狂电台正在广播，你就有了选择，你可以更好地掌控生活。你可以学着调低疯狂电台的音量，将它关掉，或是调频到其他频道，你甚至可以改变电台节目的编排逻辑。你可以学着改变找茬鬼的行为和态度。但是，首先，你要学会听到广播的音乐。

你内心的评判从何而来？

在追溯找茬鬼的成长历程时，要始终牢记，**它的初衷是保护我们，让我们免受羞耻与痛苦**。认识到这点，能帮助我们在探索过程中保持清醒：找茬鬼是如何成长起来的，它为什么出现在我们的生活中？家长们希望我们长大后能够家庭和睦、事业成功，因此在我们的成长过程中，他们教导我们举止得体，给别人留下好印象。毕竟，如果你表现不好，是谁的过错呢？所以，家长们会看着你，尽可能多地指出你的问题，并尽最大的努力去纠正它们。你的亲戚、老师、宗教领袖、同事和朋友都是这样。人们相处的主要内容就是纠正别人和被别人纠正。

女性养育者会注意你的外表，并帮助你整理那些她们认为不太对劲的地方。她们告诉你哪里需要改善，并与你探讨该如何改善。她们告诉你要经常洗头、洗澡，后背要挺直，因为这些能够让你更精神。她们让你控制饮食，减肥或增肥。她们让你把头发烫成卷发或是拉成直发。她们指出你哪里搭配得不好，别人穿得有多好看，或者别人看起来有多好。

有些母亲会用一些间接的方式来纠正你，比如指出别人的穿戴或行为有什么问题，这样你就会知道，你不能这样。有些母亲什么也不说。她们只是忧愁地看着你，你要猜出自己有什么问题!

当你做作业或帮忙做家务时，你的父亲发现你不够仔细，他指出你的错误，批评你笨手笨脚、粗心大意。他希望你是一个自律、细心、聪明的人。他希望你能够搞清事情的来龙去脉，并且能够解决问题。你听他说话时，觉得自己很傻。父母需要把你培养成一个得体的人——不管这对他们来说意味着什么，因为这样会让他们觉得自己还不错。这一切的背后，是他们自己的不安全感和对失败的恐惧，他们害怕成为失败的父母。

你的某些行为会让你的父母很不舒服。他们不喜欢你打断他们，不喜欢你吵闹，不喜欢你发脾气，不喜欢你动个不停。你的好奇心和性意识令他们尴尬。你不听他们的话，他们就会生气。他们想让你睡觉的时候，你就要去睡觉，不管那时你困不困。你要吃他们指定的东西，虽然不符合你的口味。你必须吃有益健康的食品，在他们觉得合适的时间。他们想改变你的很多方面，只因为他们是你的父母！

不管父母的初衷是什么，你从他们那里感受到的是："你有问题。"言下之意是，只要你完善自己，一切都会好起来的。

我们的表现总是不尽如人意，为了保护自己免遭痛苦和羞愧，我们内心产生了一种声音，它重复着父母、教会或其他幼年时对我们重要的人的担忧。我们真的生出了一个"自我"，一个独立的次人格，它在父母和其他人发现错误之前批评我们！

找茬鬼是一种自我（或者称为次人格），它的诞生是为了保护我们，使我们免遭羞辱，不被伤害。我们迫切地渴望获得成功，被别人接受和喜欢，为此不顾一切，甘愿冒险。但找茬鬼不是我们内心中唯一的自我。你可以在我们的书《拥抱我们的自我》（*Embracing Our Selves*）和《拥抱彼此》（*Embracing Each Other*）中读到关于更多自我的细节，以及它们如何在我们体内诞生、成长，如何影响我们的人际关系。

哪些是找茬鬼的声音？

找茬鬼在很多地方表现突出。它似乎对所有领域都了如指掌。它好像掌握了最先进的技术，能够看到、听到、感觉到我们的问题。它像天才一样聪明，拥有不可思议的直觉，能够分析我们的情感和动机，一瞥就能注意到微不足道的细节。总的来说，它能准确地发现并放大我们所有的过错和不足。它似乎比我们这些凡人更聪明，更有洞察力。

如果你仔细聆听，就能听到它几乎无时无刻不在你耳边低语。下面是一些它常说的话：

问题是你……

你长得不好看，无论做什么都无济于事。

你不值得被爱，没有人真的喜欢你。

你太自私了。

你太刻薄了。

你有很多缺点。

你看起来很可怕。

你太胖了。

你有很多赘肉。

你太矮了，没人把矮个子当回事。

你变老了。

那套衣服很丑，你看起来很可笑。

你没有任何天赋。

你太无趣了。

你不应该那样说。

如果不加倍努力，你永远不会成功。

你需要整整鼻子。

人们觉得你很聪明，你也许能骗过他们一时，然而过一阵子他们就会发现你其实什么都不懂。

你真是个虚伪的人。

这些只是找茬鬼的一部分话术。它喜欢使用语气强烈的词语，最爱用的词是"错误"。它非常喜欢这个词。"那是个错误。我不该吃午饭的。我真不该寄那封信。我不该吃那个三明治的。我应该答应你的邀请的。"在所有这些"应该"和"不应该"背后，是假定我们做错了。错误是不可接受的，每当我们觉得自己犯了错误，都会感到痛苦。

在研究找茬鬼的说话习惯时，不要忘了"迹象"这个词和其他类似的描述事物的说法。超重成为一种迹象。吃得太多成为一种迹象。头痛成为一种迹象。喝太多咖啡成瘾。对另一个人强烈的依恋成了一种上瘾行为。我们对他人有需要，这很正常，却变成了依赖共生（codependency），一种新的疾病。这并不是说这些术语没有任何意义。事实证明，它们对那些正在与这些行为战斗的人来说非常有用。问题是，找茬鬼会利用这些术语，将它们作为武器阻碍我们的成长。

想象一下，有人生病了，一个新时代（New Age，指摒弃西方现代价值观，注重精神和信仰的时代）的朋友对他说："疾病是你自己造成的，你要对自己的健康负责。"想想那些身患癌症或其他严重疾病的人，想象他们的找茬鬼会做什么。倾听找茬鬼的声音是一种奇妙的体验，我们听到了环绕在我们身边的评判声音，发现他们无比强大、无孔不入，同时滋养着我们社会中的评判者。

什么是找茬鬼真正想要的？它对你有什么影响？

找茬鬼希望你一切都好。它希望你能出人头地，有一份好工作，有足够的钱养活自己。它希望你能被爱，有成功的人生，被别人接受，组建自己的家庭。找茬鬼成长于你的童年时期，那时的你很脆弱。为了保护你，找茬鬼帮助你适应周围的世界，满足别人提出的要求，不管这些要求是什么。为了完成这个任务，找茬鬼需要控制你的本能，在别人批评或拒绝你之前，指出、纠正你的行为，让别人接受你。它觉得通过这种方式，你会获得爱和保护，免受羞辱和伤害。

然而，找茬鬼不知道什么时候该停止。也不知道什么是适度。找茬鬼的力量不断强大，直到它脱离控制，开始打击我们，造成实际的伤害。在时间的流逝中，它迷失了初心。找茬鬼像一名训练有素的特工，渗透在你生活中的每一个部分，每时每刻都仔细检查，找出你的弱点和瑕疵。由于它的主要任务是保护你免受伤害，因此，它必须了解关于你的一切，这些都有可能成为外界攻击你的切入点。

但是，和叛变的特工一样，有时，找茬鬼会越界，它接过控制权，让事情按照它的想法运作。这些信息，本来是为了帮助你抵抗外界，让你生活得更好的，现在却成了对付你的武器，而你恰恰是那个应该被保护的人。找茬鬼偷偷地独自工作着，脱离了一切控制，它慢慢忘了初心和目标，只剩下追逐的兴奋和征服后美妙的感觉。

当找茬鬼在迷失初心的道路上不断成长时，你的麻烦来了。找茬鬼会让你觉得自己糟透了。它注视着你的一举一动，你觉得局促、尴尬，害怕犯错。你甚至不愿再尝试，因为找茬鬼告诉你，你做的事情都是错的，肯定会失败。尽管找茬鬼做的这一切是因为它希望你是完美的，不会失败，但它的做法反而阻止了你去尝试。

找茬鬼扼杀了你的创造力。你知道自己会出错，又怎么会尝试新的或不同的东西呢？

在内在层面上，找茬鬼是低自尊的根源。如果你心里有个声音不停地说你这里做错了，那里做错了，你怎么可能觉得自己很好呢？

找茬鬼是羞耻的来源。它觉得真实的"你"的每个方面都不尽如人意，它想要改变你的一切，冷酷又无情。它锐利的眼神碾过你的每个部分——甚至包括你内心深处的情感、梦想和冲动，这些部分你隐藏得很好。然而，你能躲过外界的目光，却逃不过找茬鬼的审视。

找茬鬼让你抑郁。如果你的生活完全由找茬鬼控制，没有任何来自其他地方的能量与之平衡，它接二连三的批评会让你心灰意冷、疲惫不堪，你可能精疲力竭，心理抑郁。

找茬鬼和不同自我的内在家庭

找茬鬼并不是唯一的自我。它只是构成我们人格的众多主要自我中的一个，它们共同定义我们是谁。

在这个世界中，每个人都是独一无二的个体。我们出生时带着自己的基因组，它们决定我们的外表，并在某种程度上影响我们的行为。除了基因，我们生来就有自己的"心灵指纹"（psychic fingerprint）。这是一种独一无二的、难以用语言形容的特点，然而它又如此清晰，将我们与其他人区分开来。当你想到某个人，你就会想到他身上的特点。它与外表或者行为无关，而是从更加微妙的地方得以体现。心灵指纹由每个人最早的自我携带，这个自我是脆弱小孩（the Vulnerable Child），他会伴随我们一生。最后，不得不说，我们生来就能够发展出多个自我。随着年龄的增长，这些自我构成了我们的人格。

在婴儿时期，我们的能量场是完全开放的，因此对周围发生的一切都非常敏感。我们生存所需的爱和照顾，全部需要依靠他人获得，我们非常脆弱。如果没有适当的照料，我们活不到长大。

我们能做些什么来保证我们能够生存？我们要怎么做才能确保别人能够照顾我们，而不是伤害我们？为了满足这些需求，我们形成了一种个性（personality）：既能保护自己又能惹人喜爱。这种个性由许多次人格和自我构成，它能帮助我们适应环境。我们称这些自我为"主要自我"（primary selves），因为它们是我们生活中最主要的自我——它们决定了我们的行事和为人。

在我们形成这些主要自我时，我们远离了出生时的心灵指纹，开始适应周围的世界。想象一个婴儿躺在婴儿床里，他想要拥有美好的感觉，他想要有人对他笑，有人把他从婴儿床中抱起，抱在怀里。婴儿的母亲在那里，低头注视着他。婴儿发现他笑的时候，母亲也会对他笑。母亲热情又快乐，她把孩子从婴儿床中抱起，抱在自己怀里。她发出甜蜜的声音，充满了爱意。生活真美好。

取悦者（The Pleaser）

尽管婴儿在大部分时间里确实喜欢笑，但他们很快就明白了笑是一种重要的行为。笑的时候生活更美好。因此，"取悦者"诞生了，它是最早形成的一种主要自我。婴儿开始按照取悦者的指示笑，而不是根据本能。他频繁展示笑容，这样，妈妈会高兴。婴儿因此感觉到安全，世界也变得更加美好。当主要自我是取悦者的时候，我们让别人快乐，反过来，别人也让我们快乐。我们通过这种方式保护自己。

现在取悦者成为主要自我，与之对立的能量（或自我）必须消失，这样取悦者才能正常工作。婴儿知道，如果他生气、不高兴，或是大声哭泣，没有人会理他，可能还会挨打。最好的情况是，母亲让他别哭了，但她不再是回应取悦者时那个幸福、慈爱的母亲了。孩子的哭声让她紧张、急躁，和取悦者是主要自我时相比，世界也没有那么美好了。婴儿知道了哭是不好的，因此愤怒成为我们所说的**否认自我（disowned self）。否认自我是被推开的自我，我们不允许它们进入我们的意识中。它与主要自我一样，都是我们的自我，但它们的立场却是对立的，而我们的个性由主要自我构成。**我们依稀知道否认自我藏在看不见的地方，并竭尽全力将它压抑。婴儿知道自己想哭，但他忍住了。如果这种情况持续的时间足够长，取悦者变得足够强大，小孩子甚至可能根本意识不到自己的愤怒，也不会哭。

　　这个例子让我们得以看到我们的个性是如何形成的。正如我们在上文中所提到的，我们的个性由许多主要自我组成，这些自我决定了我们是谁，我们是如何做事的。我们于无意识间让它们为我们做出决定。只要没有觉察到它们的存在，我们就没有其他选择。如果我的主要自我中有取悦者，那么对我来说，我必须要对你友善，并根据你的希望来调整我的行为，我别无选择。这并不是说我在撒谎或者操纵你。这只是因为我，实际上是我的取悦者人格，坚持要把你的需求放在我的需求之前。

　　讽刺的是，所有主要自我的目的都是要保护脆弱小孩，而脆弱小孩却在这个过程中迷失了。为了保护脆弱小孩，我们必须形成由一系列主要自我组成的人格，否则我们将无法生存。然而，在保护脆弱小孩的同时，我们也埋葬了它。

对内在自我的觉察改变了主要自我的运作方式。觉察到主要自我的同时，产生了觉知自我（Aware Ego），我们会在本章的最后介绍它。随后，觉知自我慢慢地将我们从主要自我的手中接过来，它们已经照顾我们很多年了，觉知自我向主要自我保证它会保护我们的安全。我们对内在自我的觉察和觉知自我对主要自我的取代，是内在小孩（Inner Child）工作中极其重要的部分。

规则制定者（The Rule Maker）

在上文中，我们讨论了取悦者的形成过程和对愤怒的否认。下面我们为你介绍其他主要自我是如何形成的，因为它们都与找茬鬼密切合作。每个人的心中都有一个规则制定者，它为我们制定规则：我们要成为什么样的人，我们的底线是什么。为了保护我们，规则制定者很早就形成了。它观察我们的周围，哪些行为会获得奖励，哪些行为会受到惩罚，根据这些，为我们制定一套准则，确保我们的安全。

举个例子，如果你在一个普通的美国中产阶级家庭中长大，你的规则制定者希望你通情达理、勤奋用功、诚实可靠、大方得体、自信外向、乐观开朗、衣着整洁漂亮。这些品质将反映在你的主要自我中。与之对应的，规则制定者不希望你懒惰马虎、过于性感、感情用事、大声吵闹、不合时宜、腼腆害羞、平庸无趣、撒谎自私。这些品质将成为你的否认自我。

找茬鬼与规则制定者密切合作。找茬鬼帮助你达到规则制定者设定的标准，通常情况下，这些标准听起来像是家长和社会一起在你心里说话。找茬鬼时刻关注着你，确保你按照标准行事。不用说，除了超人，没有人能够达到要求，但标准就在那里。理解找茬鬼和规则制定者之间的关系非常重要，因为找茬鬼的工作就是维护已经建立的规则。

要想处理好与找茬鬼的关系，意味着我们必须学会将它与规则制定者分开。例如，如果规则制定者希望我们是能干的、自信的，找茬鬼就会审视我们的行为，找到所有我们能力不行、心理不安的迹象，不管这迹象有没有被表现出来。即便所有旁观者都认为我们做得很好，找茬鬼也能从我们的表现或态度中找到不足，因为它知道我们的内心活动。

奋斗者（The Pusher）

对很多人来说，"奋斗者"是另一个重要的主要自我。它也是找茬鬼的好队友。它的形成是为了帮助我们在学校里有良好的表现。奋斗者的工作是让我们成功，实现目标，在生活中不断前进。它帮助我们出人头地。奋斗者从不满足。我们永远可以做得更多、更快、更好。它对我们的要求不断变化。无论目标是什么，就在我们快要成功的时候，奋斗者跑到我们前面，把目标移得更远一点，这样我们又无法实现它了。如果心里的奋斗者很强大，我们就像参加追兔子比赛的狗，追着永远也追不上的人造兔子。

奋斗者发展为主要自我是为了帮助你获得别人的认可，确保你是成功的。在我们的文化中，我们佩服那些不同凡响的人，那些创造纪录的人。我们的父母努力培养我们成为勤奋的人，必须要承认的是，没有奋斗者的帮助，大部分人都做不成什么事。但是，奋斗者们现在有种趋势，他们的野心太大了。

我们发现，新时代的奋斗者们都很喜欢书店。我们推测奋斗者们，尤其是新时代的推动者们，是买书的主力军，很大一部分书籍是由他们购买的。买了书以后，找茬鬼就加入进来，批评我们没有读，没有仔细读，批评我们忘记了前面读过的东西，或者没有在合适的地方划线。

找茬鬼和奋斗者携手，让我们前进，前进，前进！每当看到有任何迹象显示我们在偷懒，我们可能会落后，可能比别人差的时候，找茬鬼都会指出我们的缺点，接着，奋斗者督促我们改正。跟奋斗者在一起的时候，找茬鬼常哭喊着说："你失败了，每个人都在你前面。"

完美主义者（The Perfectionist）

完美主义者是另一个常见的主要自我，它的形成是为了帮助我们成功。它希望我们是完美的：外表完美，行为完美，任何事情都做得完美。它无法忍受凑合完成工作，每一件事，它都让我们不停地重新做直到达到完美，我们被搅得心神不宁。每件事情都很重要。无论是友谊赛，还是锦标赛决赛，都很重要，都要完美发挥。如果做一件事情，就要把它做好。事情就是这样。完美就是完美。

如果我们的目标是完美，那么谁去发现那些瑕疵？你猜对了，是我们的朋友——找茬鬼！完美主义者设定了完美的标准，不管这标准有多么不切实际，多么离谱，找茬鬼都会帮助我们达到。事情的优先权没有异议；每件事都同样重要，每件事都必须完美。找茬鬼以其敏锐的眼光和卓越的智慧，发现每一个错误、难堪和问题，然后愉快地告诉我们。

因此，正如你从这些例子中所看到的，找茬鬼并不孤单，它与影响我们生活的每一个主要自我都有合作。

如果这些都是我们的自我，那么我们是谁？

我们发现自己是由很多个自我组成的，在此之前，我们认为主要自我就是我们自己。我们认为主要自我的集合，这个我们为了保护自己而发展出的人格，能够代表我们。如果我有两个强大的主要自我：完美主义者和奋斗者，我会认为自己是一个努力工作的完美主义者，可能还有点强迫症。

很多时候，我们的生活由规则制定者、找茬鬼、奋斗者、完美主义者、取悦者、负责任的父母和其他的自我掌控着，我们允许他们这样做。这时，我们别无选择。我们必须按照它们的规则生活，这个过程是"运营自我"（Operating Ego）在掌权。我们没有驾驶自己的心理汽车，而是将它交给了此时此刻最强大的那个主要自我。那些被我们否认的自我，比如边界设定者（Boundary Setter）、享乐者（Fun Lover）、空想家（Daydreamer）、任性的公主（Self-Indulgent Princess）、莽夫（Warrior）、无能的笨蛋（Incompetent Oaf）、不负责任的孩子（Irresponsible Child），都被牢牢地锁在了后备厢里。

觉知自我

一旦我们知道了主要自我，就能够将它们与我们分开，重拾被否认的自我带给我们的信息和感觉。用汽车来比喻，我们从主要自我手中接管了汽车的控制权，从后备厢中救出被否认的自我，带着所有自我一起向前开。这就是觉知自我的作用。只有当我们接触到那些隐藏在内心中，与我们的表现完全不同的面向时，我们才真正有了选择，而这只有觉知自我能带给我们。到那时，也只有到那时，我们才会真的关心自己。

与主要自我分离是建立觉知自我的第一步。这个觉知自我不是另一个自我，而是不受任何自我控制的"你"。它能够包容、接受并尊重你所有的对立面。它让你超越二元性。这是一个过程，而不是一个目标。觉知自我不是一直都在，主要自我出现，觉知自我就消失了。在你脆弱的时候，主要自我会自动出现来保护你。它们像是紧急时刻的一张安全网。

觉知自我让你觉察到你的感受有多复杂，你的心里有着多少不同的自我。同时，觉知自我让你的表现越来越接近你与生俱来的心灵指纹，成为那个原本就独一无二的人。如果你有兴趣，可以在我们其他的书中查看关于觉知自我的内容。

读这本书的时候，你正在进行一项非常重要的工作：与找茬鬼这个主要自我分离，并形成与之息息相关的自我——觉知自我。这样，你不再是找茬鬼的受害者，你能够从觉知自我的角度来看待自己，评估自己的行为，这很重要。

作者的警告：按照觉知自我生活是对找茬鬼最好的喂养！找茬鬼只是喜欢指责我们没有觉知自我。我们都尽了最大的努力，每个人都在学习的过程中。如果你非常努力，想要以觉知自我的标准生活，可以确定，你再一次被奋斗者和/或完美主义者控制了。找茬鬼帮助你完成这个无法实现的新目标，这让它成长，变得更加强大。

练习

　　下面是你需要思考的问题和一些练习。我们在每章后总结了一些问题和练习，帮助你理解这一章的内容。同时，这些问题和练习也能帮助你看到找茬鬼，并与之分离。这些练习也许会对你有帮助，但这不是必需的步骤。浏览一下这些问题，看看你是否愿意练习。

　　如果你愿意，你可以试着找一些伙伴一起练习。我们发现，看别人的找茬鬼是怎么工作的对我们理解自己的找茬鬼有很大的帮助，这个过程也很有意思。而且，如果一个人的找茬鬼很强大，当他看到其他人也在处理找茬鬼的问题时，他对找茬鬼的觉察能力和改变的力量会变强。如果做这些练习让你心烦意乱，请停止练习。如果发现找茬鬼过于强大，你可以考虑求助专业人士。

　　本章有三套练习。第一套练习的主题是"了解你内心的找茬鬼"。我们试着帮助你学习如何调频到疯狂电台，让你能够听到找茬鬼的批评。就像在前文中我们所讲的，这是识别找茬鬼并与之分离的第一步。

• 了解你内心的找茬鬼

1.调频至疯狂电台。以一到三天为一个周期，注意你对自己的评判：对自己说的话或是对自己的感觉。比如，清晨，你像往常一样照镜子，然后突然意识到，你花了多少时间挑剔自己的脸。注意你感到不满的地方。注意那些你认为理所当然的自我评价和自我感觉。"我太胖了。我受不了我的头发。我的鼻子太大了！"当有人说他受不了自己的某些地方时，说话的人不是他，而是找茬鬼。

在接下来的一天中，当你在开车、等人时，在睡前、半夜或第二天早上醒来时，听一听找茬鬼的声音。它一直在你的头脑中说话。找到它，听听它在说什么。它觉得你在这一天中，做错了什么？忽略了哪些地方？哪里可以采用不同的做法？哪里还可以做得更好？

你对自己不满的地方反映了找茬鬼的评判。我们发现，如果把找茬鬼的评价记录在笔记本上，人们会更容易抓到它。用这种方法，你调频到了疯狂电台。恭喜你！疯狂电台已经播放了很多年。你现在可以清楚地听到了。

2.比较疯狂电台。现在，和伙伴们一起交流找茬鬼批评你们的话。它们有什么异同？多和别人交流，越多越好，把找茬鬼对你说的话和对别人的进行比较，这样会减轻这些批评给你带来的痛苦。在此之前，你一直认为这些批评很准确，而且似乎只有你有这些问题。在与人交流的过程中，你会惊讶地发现，别人的找茬鬼也提出了同样的问题。而且，显而易见地，你知道它们的批评夸大其词，并不准确。这让你更有力量，也更客观。毕竟，你不是唯一对自己有着诸多担忧的人。

与其他人聚在一起，交流找茬鬼的评价——你们兴许能开一个找茬派对，这样，你们有机会在与找茬鬼分离的过程中互相支持。这比一个人努力要有趣得多。这些分享甚至会变得很搞笑，因为找茬鬼确实非常离谱。

3. 你的找茬鬼是什么样的？ 现在你已经听到了找茬鬼的声音，我们希望你能看看它长什么样子。下面的练习可以让你的找茬鬼更形象，更具体，你可以把它看作你之外的身体形态。

拿出一张纸，画出你心中的找茬鬼。如果你喜欢，可以用黏土做一个模型，如果没有黏土，可以用橡皮泥或其他你喜欢的材料。发挥想象，这不是在考你的艺术才能。放轻松，好好玩，没有规则。有些找茬鬼看起来像你的父母或兄弟姐妹，有些像动物或龙。有些看起来很凶猛，有些则不然。还有些找茬鬼带着本子记录你的缺点。每个找茬鬼都是独一无二的。你的是什么样子的？

现在，如果可以，请给它起一个名字。你可能会发现它的名字很像某个与你亲近的人，比如你的父母或是老师。它也可能有一个完全属于自己的名字。给找茬鬼起名字能让它更加具象。

• 对你的批评是从哪里来的？

在下面的练习中，你将有机会发现找茬鬼的根源。找茬鬼不是天外来客，你身边的人对你的评判为它提供了生长的肥沃土壤。当你看到了找茬鬼最喜欢的评判的源头，你的觉知自我会变得更强大、更客观。

1. 在第一个练习中，你已经记录了一些找茬鬼的评价。逐条梳理这些评价，问自己以下问题：

a. 这句话像我认识的某个人说的吗？举个例子，如果找茬鬼说："你太爱支使别人了。"这可能是你妈妈经常对你说的话。特别要注意这些人：你的父母、兄弟姐妹、爷爷奶奶、姥姥姥爷、叔叔阿姨、老师和宗教领袖。

b. 我第一次被这个问题所困扰是什么时候？这可能不好

回忆，但有时人生的某个事件或某个时期是如此痛苦，找茬鬼会突然跳进去"帮忙"。

2.写下你母亲最常说的关于你的评判。如果她没有说过，你有哪些事情令她不满？

3.想想你母亲是如何评判别人的。写下她最常评判别人的事。

4.写下你父亲批评你时对你的评判。如果他没有说过，你有哪些事情令他不满？

5.想想你父亲是怎么评判别人的。写下他最常评判别人的事。

6.在你的小学同学看来，一个人最糟糕的性格是什么？

7.在你的高中同学看来，一个人最糟糕的性格是什么？

8.在你的大学同学看来，一个人最糟糕的性格是什么？

9.你现在的朋友认为，一个人最糟糕的性格是什么？

现在你可以看到在疯狂电台上播放的一些最流行脚本源自哪里。你开始与找茬鬼有了距离。

• 强化觉知自我：发现主要自我与否认自我

下面的练习将帮助你发现你的主要自我和否认自我。这是一项神奇的工作，对形成真正客观的觉知自我是极其重要的。

1.要想发现你的主要自我，首先，你需要寻找否认自我。因为我们所评判和讨厌的人身上携带着我们的否认自我，因此有一个简单、直接的方法让你发现这些自我。

想一个你非常讨厌的人，一个能触发你情绪按钮的人。这应该是一个让你感觉自己更正直、优越的人。好好了解这个人。你评判他的究竟是什么？你明白了这一点，你就发现了一个否认自我。

例如，你可能不喜欢你的岳母。当你思考你讨厌她的哪一点时，你意识到她非常需要关怀，她希望别人能照顾她。你永远都不想成为那样的人！那么，这就是你的否认自我。你抛弃了心里那个想被别人照顾的孩子。

现在，来寻找你的主要自我。你的主要自我与否认自我相反。继续前文的例子，你会认为自己的性格与岳母的完全不同。与她相比，你很自立，从来不要求得到别人的关注，也不向任何人寻求帮助。你是独立的，你能照顾好自己，并为此感到自豪。因此，独立自我（Independent Self）是你最重要的主要自我中的一个。

下面这一步不是必需的。现在，你已经发现了你的主要自我，也就是独立自我，它不需要任何人的帮助。想象它是在你生命的哪个阶段出现的，它是如何保护你和你心里的脆弱小孩的。也许你的家庭很混乱，没有人可以依靠。这个独立自主的自我知道怎样靠自己度过一生。它会保护你。或者你的母亲可能很需要别人关注，没有人尊重她，你父亲欺负她，她觉得全世界都在伤害她。很明显，对他人有需求是不安全的，所以你发展出了一个独立自主的主要自我，来保护你心里的脆弱小孩，让你变得强大。

2.第二种发现否认自我的方法是观察那些被你高估了的人。他们和那些让你感到自卑的人，身上都有着你的否认自我。

想一个被你高估了的人。你不仅仅是欣赏他，与他相比，你觉得自己很糟糕。通过这种方法，你会再发现一个否认自我。

你最好的朋友很理性，有很强的情绪控制能力，你很欣赏她这一点。而你遇到一些对你来说很重要的事情时，似乎总是情绪化，或是不知所措。你希望自己能像她一样，冷静、镇定。事实上，当你和她在一起的时候，甚至只是想到她，你好像就会比平时更情绪化、更不知所措。她在向你展示一个被否认的自我。你否认了自己那个理性的，能够控制情绪的部分。

现在，来寻找你的主要自我。为什么你们会完全不同呢？

你非常情绪化。你的主要自我是情绪化的、不受控制的。同样，如果你愿意，继续进行到下一步。你觉得你为什么形成了一个这样的主要自我？也许你们全家都是这样的。表达情绪会受到赞赏和鼓励，控制情绪则被认为是拘谨紧张。或者你的父母中可能有一个人很冷漠、克制，你不想成为那样的人，便朝着相反的方向发展。

3. 现在你已经开始从主要自我中分离出来，关于找茬鬼，你有一个有趣的发现。它的一个主要任务是支持这些主要自我，批评与你的否认自我有关的一切。因此，主要自我的价值体系决定了找茬鬼评判的具体内容。所以，当你与主要自我分离，形成了觉知自我后，你就不再需要那么多评判来支持你的主要自我系统，你会发现找茬鬼失去了一些力量。

第二章
我们如何与找茬鬼对话

我们与不同的自我对话时发现的另一件事是它们真的存在。内在小孩、找茬鬼、负责任的父母——每个自我都不只是头脑中想象的我们的一部分，或是我们的次人格。它们慢慢出现在我们心灵的画布上，成为真实的、活生生的人，我们探索得越多，就越感到惊奇。我们两个人之间的共同探索，最终成为我们称之为"心音对话"的方法。

你已经知道了我们是由不同的自我组成的，你开始思考这些自我是如何形成的，认识到了解他们在生活中运作的方式有多么重要。在我们两人开始确定关系时，我们需要找到一种方法来探索自己，同时也在探索中彼此帮助。正是出于这种需要，为了深入了解自己，增进我们之间的感情，我们开始与彼此心中不同的自我对话。我们轮流"引导"对方。（引导的意思是与另一个人的自我对话。）那时，我们花了上百个小时发现了生活在我们心中数量众多、类型丰富的自我大家庭，令人惊奇。

轮到西德拉（Sidra，本书的作者）做探索者时，哈尔（Hal，本书的另一位作者）会先和她聊一会儿，了解她想要解决什么问题。一旦感到这个问题与哪个或哪些自我有关，哈尔会让她换个位置，真的移动到那个自我或声音正坐着的地方。接着，哈尔会与这个声音对话。与某个声音进行对话，是指哈尔会与西德拉心中的某个特定的声音对话，而这个声音也会回应哈尔。通过这个深入的对话，内心的声音有机会详细地表达它的感情和想法。对话可能只有5到10分钟，也可能持续2个小时。

轮到哈尔做探索者时，二人交换角色。西德拉做引导者，她会让哈尔来到某个特定的自我（比如奋斗者）所坐的地方，然后她会与那个自我对话。对话结束后，哈尔会回到原来的座位上。在这里，可以观察并体会在引导中出现的不同的自我。

在对话的过程中，引导者没有想要改变不同自我的想法和感觉。如果两个自我有不同的观点，引导者没有试图让它们互相交流，成为朋友。通过这种方式，探索者和引导者都有机会学习如何与矛盾相处，这在生活中很常见。

每次对话结束后，我们都能更好地与不同的自我分离，更加客观地看待不同的自我。我们学会了尊重所有的自我。我们不是要摆脱我们不喜欢的自我，而这么多年以来我们一直在这样做。我们要拥抱所有自我，学着用一种全新的视角来认识、使用它们。这就是我们提出觉知自我的初衷。觉知自我是我们的一部分，它总是在不断变化，因为它对不同自我的觉察和感受越来越强，然后，它慢慢学会了如何在生活中，在面对现实选择时使用它们。

我们还发现，我们越想让某个自我消失，它就变得越强大。例如，我们发现很多人意识到了找茬鬼的存在，他们非常讨厌它，总想让它消失。然而他们越想摆脱它，它就越强大。我们总结的诀窍是，让那些自我说话，理解它们是谁，是如何成长的，学习如何在生活中恰当地使用它们。

我们在合作中发现的另一件事是这些自我有多么真实。正如我们在前文中提到的，它们的行为举止像真实的人一样，每个自我都有自己的希望、情感和抱负。大多数自我都知道我们应该如何生活。我们之间的这次对话与之前的经历有所不同，不同之处就是这种感觉，这些自我是绝对真实的。内在小孩、找茬鬼、负责任的父母——每一个自我都不只是我们的一部分或是次人格。对我们来说，它们是真实的、活生生的人，我们的探索越深入，我们越惊讶。我们两人的共同探索最终变成了一种相当详细的方法，我们的书《拥抱自我》对这种方法和理论进行了全面的讨论，我们建议感兴趣的读者阅读。

我们之所以现在提出这个方法，是因为在这本关于找茬鬼的书中，我们将使用心音对话来展示我们与找茬鬼的谈话。你会读到关于找茬鬼的内容：它的感受、它的声音，以及它在人们心中不断重复的内容。你听到的、读到的找茬鬼的声音越多，你就越容易听到你自己的找茬鬼，这也是与找茬鬼分离的重要一步。记住心音对话的基本程序，这是对话的基础。"探索者"是接受引导的人，他的内在自我在说话，"引导者"是引导对话的人。引导者让倾诉者移动到找茬鬼（或其他自我）所在的地方，然后与找茬鬼交谈，对话就此展开。我们会在本书中引用心音对话的部分内容。

心音对话是与找茬鬼合作的方式

你会发现，通过心音对话，我们可以直接与找茬鬼交谈，这是了解它的好办法。除此之外，我们还相信心音对话是一种非常有效的方法，帮助我们探索并最终解决找茬鬼的问题。与其他个人成长的方法一样，心音对话不一定适合每个人，必须将它放在你所做的所有心灵层面的工作的背景下看待。心音对话可以纳入所有成长疗愈体系或治疗系统。设计心音对话不是为了取代任何方法，而是为了让你正在做的事情更加丰富。

Two
How the Inner Critic Operates

第二部分

找茬鬼
是如何工作的

第三章
找茬鬼——绝对真理的代言人

找茬鬼对我们说话时，好像我们已经犯了某种不可饶恕的罪过一样。它不只是在发表观点或表达对事物的感受。它在用上帝视角评判我们。

当找茬鬼和我们说话时，它的语气很特殊。它做出论断。它不是简单地发表观点或表达对事物的感受，而是宣布绝对的声明，听起来像是天神下凡，向我们传递绝对真理——宛如十诫。这种让自己听起来像是绝对真理的能力，是找茬鬼如此难以应付的原因之一。当然，面对找茬鬼，主要的问题是大多数人根本不知道它在对我们说话。即使我们觉察到它的声音，通常也无法与它分离，因为它听起来像是来自天堂的真理。

例如，让我们回到第一章提到的花生酱派对。找茬鬼对吃夜宵的我们说："你真邋遢。你没有一丁点控制力，现在没有，以后也不会有。"如果你刚好在健康和疗愈领域工作，找茬鬼可能会继续说，"你就这样帮助别人吗？""你这么吃，我怎么能相信你！"找茬鬼提出的基本原则如下：

1. 你不该在晚上吃东西。

2. 任何时候你都应该能够完美地控制自己。

3. 正常人不会做这种事。

4. 专业的保健人员的控制力应该更强。

5. 所有问题都是不好的。

真是造孽，你犯了不可饶恕的罪过。这些话影响深远。你觉得自己很邋遢，你就会变得邋遢。你觉得失去了控制。虽然你可以控制其他上百件事，但这不重要。虽然你在工作中，在许多关系中都保有明确的界限，这也不重要了。虽然前一天晚上你没有吃三明治，这也不重要。你变成了一个邋遢的、失控的人，就像找茬鬼说的那样。它的评价成了上天的审判。

对于女性来说，这种评价通常与她们的性吸引力有关。玛丽早上醒来，对着镜子，看到自己的身体，尤其是她的乳房，她对它们很不满意。她觉得它们太小了。罪魁祸首，她的找茬鬼，不停地拿她的胸部和其他女人的相比较，每次她都败下阵来。然后，她的找茬鬼得出了结论，她对男人永远都不会有吸引力。

使用心音对话的方法，我们与她的找茬鬼聊了聊，我们希望帮助玛丽听到找茬鬼的声音，并与它分离。我们让玛丽移动到找茬鬼坐的地方，然后，正如我们在前一章中所描述的，我们直接开始了与找茬鬼的对话。

引导者：看来你对玛丽的身材感觉不太好。

找茬鬼：嗯，坦白地说，我觉得她的身材很糟糕。

引导者：能告诉我你不喜欢哪里吗？

找茬鬼：嗯，坦白地说，我哪里都不喜欢。她太瘦了。**她的体型不对！**她的体型根本不对！没有地方是顺眼的。

引导者：她说她很在意自己的乳房。我猜是你在批评它们。

找茬鬼：嗯，就像我刚刚跟你说的，她的体型不对。其他地方也是一样，没有什么好地儿。她的胸部太糟糕了，它们太小了！还下垂！看看，谁都能看得出来。你看，看她的人一眼就能看出来。你看不出来吗？

引导者：没有。在我看来她很好，但我不是她的找茬鬼。那是你的工作。

找茬鬼：你真该看看她不穿衣服的样子！（这是找茬鬼最喜欢的表达方式。）**一看你就明白了！**（审判完成。）

找茬鬼说话时，重要的不仅仅是它说出的话语本身，而是这些话语背后的能量。这就是为什么我们将其中一些评论加粗的原因。这些话是如此有力，如此深入人心，以至于每当玛丽照镜子时，她都觉得自己的身体没有顺眼的地方。每次去买衣服，她都感觉很糟糕，因为她的身材糟透了，没有一件衣服可以拯救她。她的找茬鬼是这么说的！

这些评判的能量如此之大，我们知道很多人都不再照镜子了，他们觉得自己实在是太难看了，简直无法忍受。就好像他们戴着一副自我批判的眼镜看待关于他们的一切。一块小妖精的镜子碎片（在第一章中描述过）刺穿了我们可怜的受害者的眼睛，她的一切看起来都很糟糕。当我们帮助人们与找茬鬼分离时，有人经常会对我们说："但这是真的，找茬鬼说的是真的，我的胸部真的太小了！"绝对的真理谁都知道，找茬鬼已经说了。所以玛丽一辈子都对自己的身材不满，她会带着这种感觉度过余生。

然而这些声明与客观现实几乎毫无关系，这一点让人十分诧异。上百人都会告诉玛丽，她的身材很好，他们真的这么认为。然而找茬鬼可不这么想，而且只要玛丽不脱离这些内在的评判，这些批评就会一直占上风。

找茬鬼对我们道德缺陷的评判可能更具毁灭性。当它告诉我们，我们应该为自己的行为、想法或冲动感到羞耻，并且它的评价有绝对权威的背书时，我们畏缩了。我们无法为自己辩护，并且深感羞愧，我们只知道这个。

我们研究低自尊和羞耻感的问题时，一般试着寻找问题形成的原因。了解过去对我们的个人成长确实至关重要。然而，我们同样也可以解决好现在的问题。我们意识到这样一个事实，找茬鬼现在就在我们的心里工作着！我们开始明白，低自尊、羞耻感和抑郁，这些问题在多大程度上是这位找茬鬼的作用，它从这么多不同的渠道学习如何开展评判工作。

认识到那些批评只是一种声音，它们没什么大不了的，同时能够以客观的方式去看待它们，这对我们的个人成长大有裨益！**能够与找茬鬼分离，不再被它的负面论断所控制，会使一个人在自尊感和自我价值感方面发生巨大变化。**我们为什么要做这件事，还有比这更好的理由吗？

当你第一百次、第一千次听到找茬鬼的声音时，你就会对这件事有一些看法了。找茬鬼的工作就是批评。我们因它的绝对论断受到的伤害越深，它获得的力量就越强。乳房的大小是个主观问题。如果你离开找茬鬼，并认为你的胸部没问题，它就会指出你抚养孩子的方式有问题。它会说你太自私了，或者你付出太多了。它会说你是一个糟糕的父亲、丈夫、妻子或母亲。它会说你不算是个值得一交的朋友。它才不在乎你的胸呢。它只关心怎么批评你。批评是它的活力源泉。在心音对话中，它经常对引导者说："但如果我不批评他，我又能做什么呢？"

如果把它总结成一个普遍规律，就是**我们在生活中所缺乏的权威感、目标感和意义感，一般都由找茬鬼所控制**。我们对不同的自我，特别是找茬鬼，缺乏觉知，这使我们成为它的游乐场和粮仓，它在我们心中成长，成为大多数人心中的天堂使者。

读到这里，你已经学会了与找茬鬼分离，学会了处理与它的关系，不再被它所控制。在你个人成长的过程中，当你拿回了生活的发言权，找到了人生目标时，你有了觉察能力，它的力量绝对比原来的找茬鬼更强大。带着这种力量和权威感，你可以挽救找茬鬼，让它在你的生活中以截然不同的方式发挥作用，它支持你，支持你的本来面目。意识到找茬鬼并不是说着绝对真理的天堂使者，是收回力量的重要一步。

第四章

找茬鬼对身体的看法

> **我们的文化被铺天盖地的个性轰炸着。我们不接受平凡。对身材近乎苛刻的要求就像一列失控的特快列车，毫无疑问，找茬鬼在评判我们的身体时获得了巨大的力量。**

在过去的 15 年里，我们与上千个找茬鬼交流过。听它们批评人的千般万种，这些缺点几乎涵盖了人们的一切。我们觉得此时此刻，没有什么事情能够让我们感到吃惊了。找茬鬼对身材的批评如此强烈，如此无孔不入，给人们的生活带来的负面影响如此之大，造成的破坏性如此严重，我们想要用一整章的篇幅专门讲找茬鬼在这方面发挥的作用。

总体思路

谈到身体，人们总是说他们不喜欢这里，不喜欢那里。

他们会这样说:"我不喜欢我的脸型。我的屁股太大了。我的脖子太短了。我的头发就像湿抹布一样趴在那里。我的脚趾是弯的。我的耳朵支棱着。"大多数人从来没有意识到,这些关于身体的负面感觉并不来自他们自己,而是来自找茬鬼的评价。大多数人都对这种误解习以为常,当我们用"我"这个词来描述我们对身体的感觉时,实际上,我们说的是找茬鬼的感觉。

坠入爱河

在上文所描述的情况中,当一个人没有觉知自我,非常认同找茬鬼的时候,再多的安慰也无济于事。如果你告诉她,她的头发真的很漂亮,找茬鬼会反驳说:"她只是想让你好受点"或"她对每个人都这么说"。如果你跟她说,她的衬衫很好看,她会感到很尴尬,因为她的找茬鬼在她心里说:"他真该看看你真实的样子。"正如我们之前所说的,找茬鬼的评价就像魔咒一样,一遍遍地在你脑海里重复:"你的问题是……你的问题是……你的问题是……"人们无法从外部消灭它,只有一个时期,它从人们的生活中消失了,那就是当他们坠入爱河的时候。

热恋伴随着浪漫爱情的喜悦,这时,找茬鬼们会进入休眠期。有人无条件地爱我们，我们也无条件地爱他（她）。我们的内在小孩感到安全，他绽放着。因为没有人来践踏，心灵的花园也会茁壮成长。有人无条件地爱你，把全部注意力都放在你身上，这是对找茬鬼的一种催眠。你可能一直不满意自己的眼睛（找茬鬼说它们离得太近，颜色也不好看），但你的恋人很喜欢它们，突然间你的眼睛就是好看的了。所有负面评价都消失了，世界因此熠熠生辉。

然而，热恋期告一段落，找茬鬼就回来了。曾经全然喜爱你的眼睛并时刻关注你的恋人，如今又忙于工作。他（她）仍然爱着你，却不像过去一样全情投入。他变回了自己，热恋的感觉也慢慢减弱。甚至她可能还有一些反应没有与你分享，当然，这些都会成为找茬鬼的评判。你甚至会发现自己从某种程度上在回应这些无意识的感觉。

随着浪漫阶段的结束，持续的积极反馈也停止了，找茬鬼回来了，它再一次告诉你你的双眼离得太近了。你的恋人向你保证没有这回事儿，但不知为何他的话听起来和以前不一样了，他无法再阻止找茬鬼新一轮的攻击了。

一些找茬鬼的力量来源

对身材的批评给人们带来了巨大的痛苦。正如我们在上一章中提到的，我们见过很多人因为接受不了镜子中的自己而拒绝照镜子。你可能会觉得惊讶，但是找茬鬼的确有一大把非常特殊的地方可以栖息休养。继续阅读本章，你会了解到更多。现在我们只是与你分享这个事实，浴室的镜子是其中一个特殊的栖息之所。找茬鬼喜欢在这些镜子里生活，当你照镜子的时候，它也会从镜子里看你。下次照镜子的时候，仔细看看镜子里面，你会看到他（她）正盯着你看。

对许多人来说，买衣服是一场噩梦，因为他们穿所有衣服都不好看。几年前，哈尔认识了一位非常漂亮的年轻女演员。然而，在跟她的找茬鬼交谈时，你会觉得对面坐着一个怪物。他（她的找茬鬼是位男性）把她撕碎了。她的身材全部都是错的。购物对她来说就是一场噩梦。她绝望至极，变成了一个痛苦的受害者，身体里这个挑剔的自我就是加害人。做演员并不能改变一直以来父母对她的批评和评判。她早就和他们决裂了，但在内心深处，他们比以往更加强大。再多的客观认可也无济于事。强大的找茬鬼将她的世界变成了一个评判系统，所有的评判，不管是说出口的还是没说出口的，矛头都指向她。

我们已经介绍了找茬鬼是如何在我们心中成长的。它们的养料来自我们的父母、兄弟姐妹、学校、宗教领袖、书籍和我们遇到的每一个人。一次，哈尔正在引导一个女人的找茬鬼，她开始大笑，停不下来。黛安娜回想起她母亲去世前发生的一件事。她回忆道，她的母亲特别挑剔。那时，她已经85岁了，身患绝症，住在医院里。她呼吸困难，显然快要不行了。黛安娜记得那个特别的早晨，她走进病房，母亲已经半昏迷了好几天，看见她走进病房，母亲突然坐起来，对她说："你只有这一个钱包吗？"随后，她再次陷入昏迷，几小时后，她死了。这种评判显然会让找茬鬼非常强大。

我们发现了一个明显的模式：**在成长过程中，找茬鬼越强大，我们周围评判的声音就越强烈。我们周围评判的声音越强烈，找茬鬼就会越强大。**

和找茬鬼关于安妮身材的谈话

现在我们要展示一段长一点的心音对话，尽管还是份摘录，这段对话是找茬鬼分享它对安妮的感受。这个找茬鬼非常强大，所以我们决定首先谈论身材，再延伸到其他方面。

引导者：你似乎有很多要批评安妮的地方，不如我们采用现在流行的整体疗法吧，首先从身材开始？我从安妮的话中知道你不喜欢她身材的很多方面。

找茬鬼：喜欢她的什么？看看她，你瞧瞧她！

引导者：嗯，我在看。老实说，我觉得她挺好看的。

找茬鬼：你只是想让她感觉好一点。她有那么多的问题，我都不知道从哪里开始说起。

引导者：让我们用科学的方法来进行。从头发开始，你可以给她身体的每个部分打分，满分100分。0分表示最差，100分表示最好。我们从她的头发开始吧。你给它打多少分？

找茬鬼：我给它10分或20分。

引导者：她的头发有什么缺点吗？为什么得分这么低？

找茬鬼：嗯，首先，它没有光泽。它是干枯的，而且它太短了。我也不喜欢它的颜色。她从不做任何头发护理。如果她住在非洲的某个村子里，她的头发可能挺好的。

引导者：那她的脸呢？

找茬鬼：太普通了，没有个性。她的鼻子太大、太扁了。我也不喜欢她的肤色，看起来像要得肝炎一样。

引导者：你对她太苛刻了。你给她打几分？

找茬鬼：我给20分。

引导者：到目前为止，你给的分数都很低，不是吗？

找茬鬼：你问我对她的感觉，我只是说了实话。

引导者：你觉得她的肩膀怎么样？

找茬鬼：肩膀没有那么糟糕，我会给它们50分。

引导者：如果不是那么糟糕，为什么只能得到50分？

找茬鬼：她得不到50分以上的东西，因为她不配。

引导者：她的身材整体怎么样？

找茬鬼：你是在开玩笑吧！你有一周的时间来听我说吗？她的身材是个恐怖故事。看她的臀部，太大了。看她的大腿，不仅粗壮，还有脂肪团。我跟她说了100次要去抽脂。（令人惊讶的是，很多找茬鬼都是脂肪团专家。）她不听我的，所以我一直盯着她。

引导者：她做过什么让你满意的事吗？到目前为止，她做过什么事让你不再批评她吗？

找茬鬼：没有。她就是懦弱。她让我批评她，甚至从未想过要阻止我。她所经历的一切都是她活该。

引导者：你是在哪里学会成为一个如此强大的批评家的？我看你应该受过很好的教育。

找茬鬼：哦，我受过最好的教育。她母亲有评判学博士学位，她父亲有评判学学士学位，她的姐姐也获得了博士学位，我从他们身上学习。她什么事都做不好。她穿的衣服都是错的，她的身材需要修整。我接受了最好的训练。说实话，我批评她，是为了让她做好准备迎接她的父母和姐姐的攻击。

我想如果我先找到她的缺点，他们批评她的时候，也许她就不会那么痛苦了。

令人惊讶的是，人们经常听到这样的事，找茬鬼认为他们太软弱，无法抵挡它，并因此攻击他们。这是找茬鬼的矛盾之处：它不断地打击我们，同时又痛恨我们如此软弱。实际上，找茬鬼是在批评我们不能控制它。

我们展示的心音对话只是一部分摘录。找茬鬼能找到的我们的身材问题没有穷尽。它能说上好几个小时。

在引导的时候，我们有时会问一些看起来很傻很奇怪的问题。这样，觉知自我就能知道找茬鬼对我们的评判是多么不切实际，多么绝对极端。

比如，我们可能会问找茬鬼："你觉得约翰的大脚趾、玛丽的右膝盖骨、艾尔的耳垂、伊冯的胳膊肘、哈利的胸毛怎么样？"无论我们问什么，找茬鬼的回答总是否定的，但是却很合理。找茬鬼攻击时的力量如此惊人，给人们带来了巨大的灾难和痛苦。由于不断地遭到找茬鬼的评价和攻击，安妮的状态甚至不能简单地用低自尊来描述。在这种低自我评价的情况下，她有什么机会能建立一段成功的关系呢？这些找茬鬼造就了受害者，使他们很难有与别人平等的感觉。

　　人们对找茬鬼的认同是如此彻底，他们会告诉自己："它说的是真的。我的头发**就是**很糟糕。我**就是**太矮了。我的腿**就是**太粗了。"对找茬鬼的话照单全收就是生活在牢狱里。与它分离，也就是意识到这些批评来自同一个声音，来自住在你心里的那个人，这样做就是在离开这个绝望的牢狱。我们向你展示的只是一段平淡无奇的日常对话，没有什么特殊或独一无二之处。很多时候它都在人们的脑海里出现。我们必须意识到疯狂电台正在我们的大脑中广播。一旦明白了这一点，我们就可以换台或关掉电台。

"会说话"的体重秤和镜子

　　我们在本章前面的部分提到了会说话的体重秤和镜子，如果不考虑它们，我们关于找茬鬼对身材看法的讨论就不完整。大多数人都没有意识到家里的秤会说话。每次你走上去或看体重的时候，都有个声音在说话。（确实有一种秤会报出你的体重，并与上次的进行比较。这对找茬鬼来说是多么大的快乐啊！然而，我们这里说的声音指的是找茬鬼的评价，这个只有你自己才能听到的声音。）同样地，每次照镜子时，你都会听到一些"精彩"的评论，比如：

我的老天爷！我真不敢相信你的体重（或脸）！

看看你脸上的皱纹！

化点妆吧！

昨晚都说了不要吃甜点了！

又大吃大喝了！（这句话的变体：）你浮肿了！

你头发枯死了！

你要是经常去健身房，就不会发生这种事了！

你什么时候才能减肥啊！

　　我们还能说什么呢？我们知道体重秤和镜子都有积极的一面，也知道我们需要它们的原因。然而，对于找茬鬼来说，体重秤和镜子无疑是继轮子之后最伟大的发明。这是比喝咖啡更有效的晨间仪式，也确保了找茬鬼每天都会决定我们的早晨如何开启新的一天。换句话说，决定我们的哀悼如何开启新的一天。[1]

找茬鬼的特殊养料

　　很容易发现找茬鬼是如何被我们爱评判的父母、兄弟

1　英文中morning（早晨）和mourning（哀悼）同音。全书页下注均为译者注。

姐妹和我们周围的其他人所滋养的。除此之外，这道评判之汤里还有众多杂志：《花花公子》（*Playboy*）、《花花女郎》（*Playgirl*）、《服饰与美容》（*Vogue*）、《时尚芭莎》（*Harpers Bazzar*）、《智族GQ》、《健美》（*Body Building*）等等。它们愉快地教导人们如何成为"美丽的人"。再加入几杯减肥诊所和有氧运动课程。接着加入14加仑的电视和电影，它们不断向我们展示"最具吸引力的"男人、女人、身体、腿、头发。就算再朴素，上了电视也意味着迷人。

　　除此之外，我们还必须加上5蒲式耳的广告，它们不断把96磅[1]的女模特和身材像阿诺德·施瓦辛格（Arnold Schwarzenegger）一样的男人放在我们面前。他们身穿华丽的意大利西装，彬彬有礼又温文尔雅。再添加2夸脱性感、激情的爱情故事，由最专业的演员表演美妙的做爱过程。再加入最后一种配料：几加仑名为"要与众不同"的灵丹妙药。这是一碗非常有营养的汤，找茬鬼每天都在喝。难怪它评判我们的身材时有这么大的影响力。

　　有一种配料是不允许出现在这评判之汤里的。在汤里加入正常或普通的成分是有罪的。我们的文化已经成为一列失

1　约87斤。

控的火车，我们不得不称之为特快列车。我们接收到了太多信息让我们与众不同。电视上的牛仔裤广告会把人的臀部提升到接近神的地位。

在电视或电影中，做爱从来都不普通，也不无聊。当然了，电影制作人肯定经历过或听说过普通的亲吻和做爱过程。有人会在没有音乐伴奏的情况下接吻吗？我们一直面对着以上种种要求，同时，世界还要求我们是神秘的、特殊的、不凡的，难怪找茬鬼会失控发疯。至少我们可以这样说：对一个女人来说，为了保持14岁时的完美身材而努力奋斗，对一个男人来说，努力拥有像举重运动员或钢铁硬汉般的警察一样的身材，这些都是不现实的。所有这一切都会助长找茬鬼的力量，这些强大的力量都是它从人们身上获得的。如果它没有让这么多人感到受伤才搞笑呢。

• 找茬鬼是如何看待你的身材的?

1.收集大量不同的杂志，看看使用男性模特和女性模特的广告。你对他们的印象如何？他们是怎样影响你的？看他们的时候，调到找茬鬼的频道。

2.在成长过程中，你还记得什么你表现得与众不同的事情吗？表现得跟大家一样的呢？你是被推着跟大家一样或者与众不同了吗？谁推了你，为什么？

3.你可能只是个普通人，找茬鬼对此有什么看法？它是怎么说的？

4.关于你的身体，你的找茬鬼喜欢批评什么？它会把你和其他人比较吗？

5.你有会说话的体重秤吗？它会在早上对你说什么？

6.你浴室里有会说话的镜子吗？它会在早上对你说什么？

第五章
全面的找茬鬼——自我完善专家

> 在所有与个人成长有关的学习中，我们都有一个伙伴。找茬鬼会称自己为盟友。它与我们一起读书、听讲座，参加我们的每一次研讨会，旁听我们的每一段对话。它像一块干海绵一样吸收信息。在你读这本书的时候，它就已经开始工作了，它会以某种方式利用这些信息来批评你。

首先要感谢的是，找茬鬼天生是全面的。它以同等的热情批评我们的一切。它批评我们的身材、我们的情绪、我们的思想、我们的精神。过去，在我们还没有开始探索个人成长之前，它的影响范围和影响力都是有限的。重要的是要认识到，现在，我们大多数人的找茬鬼都是在心理学兴起的新时代下成长起来的，它吸收了大量关于我们应该做什么、不应该做什么的信息。

我们发现，找茬鬼与规则制定者、奋斗者和完美主义者密切合作，它们是我们内在的三个非常重要的自我。规则制定者找到我们能够在这个世界上安全生存的方式。完美主义者确保我们在做正确的事。奋斗者让我们看到事情马上就做完了，而我们得一直做下去，做越来越多的事情。找茬鬼会权衡这三个自我，并在觉得我们做得不对的时候（就是大多数时候）批评我们。

我们的学习伙伴

在所有与个人成长有关的学习中，我们都有一个伙伴。它与我们一起读书、听讲座，参加我们的每一次研讨会，旁听我们的每一段对话。它像一块干海绵一样吸收信息。当你读这本书的时候，它就已经开始工作了，它会以某种方式利用这些信息来批评你。它会说，你的觉察力不够，或者你不够聪明，理解不了这些内容。它甚至会因你的心里有个找茬鬼而批评你。让我们来看一个心音对话的例子，看看找茬鬼是如何影响个人成长的。

史蒂夫是个可爱的年轻人，他关于个人成长的探索已经很深入了。他读了很多书，参加了很多讲座和工作坊。正如我们在上文中所提到的，他没有意识到找茬鬼和他一起参加了所有的活动，读了所有的书。现在让我们看看他的找茬鬼对他的工作有什么看法。请注意，所有例子都节选自心音对话。

引导者：听起来你和史蒂夫一样，喜欢自我疗愈的工作。

找茬鬼：是的，这些工作为我提供了很多信息，让我思考之前没有注意到的事情。

引导者：比如说？

找茬鬼：自从他开始从事营养方面的工作，我就对他的饮食很感兴趣。他的饮食很糟糕。在我们开始读那些有关健康的书籍之前，我对食物一无所知。他参加的课程很棒。你知道营养有多重要。我要不停地告诉他，注意他吃的食物。每次他吃东西的时候我都在，我想让他吃正确的食物。我跟他说肉有多不健康。我告诉他，他在吃死动物。问题是，他喜欢吃肉。

引导者：显然，你很清楚什么是对，什么是错？

找茬鬼：这就是我们读这些书的原因。专家们似乎都知道什么是正确的，而我利用了这些信息。我有时也会困惑，因为不同的专家说法不同。

引导者：你还批评了他什么？

找茬鬼：他应该坚持跑步，每天至少5英里。他应该去健身房的。

引导者：这样你就满意了吗？

找茬鬼：我不知道。总有些别的问题。他必须要拉伸。我不想让他变得肌肉紧张、关节僵硬。在这些事情上他还需要更加自律。我还希望他能开始跑步冥想。他读了一篇关于跑步冥想的文章，我觉得这个方法很好。

引导者：对你来说，史蒂夫还有什么特别要注意的地方吗？

找茬鬼：那可太多了。我想让他每天早上写下自己的梦，然后进行晨间冥想。他还喝咖啡。我告诉他不要再喝咖啡了，咖啡就是毒品。

史蒂夫的找茬鬼和奋斗者携手，重点关注他的锻炼情况、每日健康活动，外加一些记录工作。**应办**事项可能会长得吓人，其中的每一件**应办**之事都给了找茬鬼一个机会。人们被这些要求和攻击逼疯了。生活不再有趣了，因为新时代的奋斗者和找茬鬼带领人们进入了新时代意识的旋转木马。不好的不是这些想法本身，而是它们背后那强大无比、无所不知的能量，对于什么是真正适合每一个人的，往往没有太多的辨别和选择的余地。

要想理解找茬鬼的攻击，我们必须牢记它心中隐藏的脆弱和焦虑。如果我们读了一本书，书中说某种东西对我们有害，如果我们没有建立起足够强大的觉知自我来阅读并恰当地解读这个信息，它就会在我们心中激起一次小规模的焦虑攻击。我们从书本、讲座和工作坊中学到的内容成了什么该做、什么不该做的标准，而找茬鬼正是从这些标准中获得力量的。找茬鬼的底线是希望我们安全、成功、有经济保障。它想要确保我们没有被抛弃，没有出洋相，没有做任何会让自己陷入被抛弃境地的事情。它还害怕我们生病，因为这意味着危险和可能出现的贫穷。对找茬鬼来说，如果我们能遵循规则制定者和完美主义者制定的标准，按照"应该"和"不应该"的事项行事，那么一切都会进展顺利，我们会很安全。

找茬鬼清楚地记得我们童年的伤痛，那些我们被羞辱、被批评、被取笑的可怕的时光。它记得我们的父母对金钱的焦虑。借由内在小孩，它仍然能感受到被抛弃的恐惧，那时我们独自一人，父母因为离婚或分居而离开。它拼命地想要我们避免这些童年的痛苦，它解决的唯一方法就是让我们变得完美。为此，它必须批评我们，因为它没有其他办法来帮助我们。找茬鬼不会对我们说："我觉得脆弱、焦虑、烦躁。"我们必须学会看到它们的脆弱不安，我们必须明白，无论找茬鬼对我们的攻击有多么恶毒，这些始终是它们心中隐藏的问题。只有理解了找茬鬼的潜在动力，我们才能理解其攻击的本质。

关注灵性的找茬鬼

简也进行了很多个人成长的探索，但她对灵性和爱关注更多。她一直是个体贴、有爱的孩子，进入灵性运动后加强了这一点。因此她认可了这样的规则：每时每刻，她都得是体贴的、有爱的，这是她灵魂成长的终极目标。舞台准备就绪。请听下面的心音对话：

引导者：到目前为止，你已经在许多不同的方面谈论了很多关于简的事情——我补充一点，所有评价都是负面的。

找茬鬼：嗯，那是我的工作。没有我，她将一事无成。

引导者：你对她的灵性成长有什么看法？你还没有发表任何评价。

找茬鬼：嗯，我对她最好的评价就是她很努力。我只能说，她还有很长很长的路要走。我都不知道该从哪里说起。首先，她冥想得不够，她太容易分心了。这很困扰我。她坐在那里，大部分时间都在想其他100件事情，而不是在冥想。最糟的是，她太容易心烦意乱了。她生孩子们的气，对他们大喊大叫。然后又感到内疚，向孩子们道歉。她应该有更强的控制力。如果她真的修行得很好，她就不会这么频繁地感到心烦了。对她的丈夫也是这样，她总是为这样那样的事生他的气。我真的随她去了。

引导者：听起来你希望简是完美的。从来不生气是一项艰巨的任务。

找茬鬼：这只是一个控制力的问题。在她成长的过程中，她的母亲总是大发雷霆。我们早就下定决心，她永远不会变得像她母亲一样。她是那种愤怒的受害者，没有理由对她的孩子或其他人犯下同样的错误。而且，生气和情绪化也不在灵性的传统之中。

简的找茬鬼和规则制定者的结合源于她那位脾气火爆的母亲。它们成为简生活的中心，它们希望她的表现与她母亲的易怒行为相反。所以找茬鬼才有机会进行这个精心设计的游戏计划。每次失控，它都会提醒简。当然，未爆发的情绪在简的内心中累积，最终可能会对她造成巨大的伤害，这正是许多疾病的基础。找茬鬼并不是有意要伤害她的，它只是在做自己的工作，它被训练做的这项工作。

找茬鬼与规则制定者

从这段对话中可以清楚地看到，要想理解找茬鬼，我们必须理解一个人在世界中所遵循的规则体系。简要遵守的规则有以下这些：

1. 时时刻刻都充满爱意。
2. 生气是不好的。
3. 对孩子生气尤其可怕。
4. 冥想时应该排除一切杂念。
5. 在婚姻中，每时每刻都要有爱。

想想努力遵守这些规则的后果。这就像对一个人说："站在那儿，不要想大象！"不管你怎么努力，你都会想起一头大象，你越努力，越难把大象从你脑海中赶走。努力时时刻刻都充满爱意，结果你被负面情绪包围了。冥想时努力放空，结果脑海里充满了各种幻想和杂念。努力对孩子保持温柔体贴，结果每隔一段时间你就受到消极情绪的侵袭。找茬鬼的作用之一就是维护这些规则，因此弹药越来越多。

因此，简的找茬鬼因为她对丈夫和孩子感到恼火而攻击她。它批评她在冥想时杂念太多。然而，大多数人都会偶尔对家人感到不满，学习如何应对是生活的一部分，这样人生才完整。冥想时，每个人都会有杂念。而冥想练习的目的就是学习如何平息这些念头。找茬鬼的每句话听起来都像是绝对真理，谁敢质疑它？

阿尼的找茬鬼跟别人不同。阿尼喜形于色，总是告诉别人他对他们的看法。规则制定者要求他态度强硬，然而他的心里有另外一个声音，希望他能理解别人的需求。找茬鬼指责他伤害了别人，不顾他们的感情和需要。他曾是个内向、害羞的少年，长大后，他变得非常敏感、脆弱。但由于他不得不生活在纽约的街头，软弱和敏感没有用，只会让他经常挨打，他必须学会坚强、强硬。温柔意味着痛苦。

小时候的脆弱、害羞和温柔已经被埋葬，现在的阿尼不再是这样的了，但找茬鬼却利用了他的敏感。找茬鬼担心人们会因他的愤怒、直接和冷酷而不喜欢他，实际上也是这样。找茬鬼在批评方面足智多谋，只要管用，什么方法都行。有时，像阿尼的找茬鬼一样，它们利用我们的否认自我来批评我们，这样更有效。

自我提升的找茬大杂烩

找茬鬼对自我提升有太多看法了，它们找到了机会畅所欲言。让我们听一听它们是怎么说的，这是我们从心音对话中节选的：

他不真诚。（这在个人成长的圈子里很常见）

他不是真心这么说的。

她应该再开放一些。／她应该再矜持一些。

她不是个好女儿／姐姐／朋友／母亲。

他的身体太僵硬了，他需要锻炼。

她性格不好：太外向了／不够外向／恐惧太多了／太脆弱／他不够真实／她太有个性了／他太不近人情了／她太过个人化了／她的文章太平淡了。

他（她）没有与他的感受／她的性欲／他的精神／她的身体／他的高我心智（higher mind）／她的情感生活／他的内在相连接。

他的能量不足。／她的能量场不清晰。

找茬鬼的这些评论，我们可以再列举几个小时。它们的每一句话，我们在心音对话中，都听过上百次了。对专业的治疗师来说，这是多么激动人心的一天啊！继续这样的情形，还有哪位治疗师、咨询师、老师会挨饿呢？**如果不了解找茬**

鬼和它的工作思路，教授或学习任何个人成长的内容都会增强找茬鬼的能力，让它变得更有力量！

对于来访者和学生，有太多在书籍、工作坊和治疗中获得的信息被规则制定者和找茬鬼组合视为信条。对于老师和治疗师，太多的信息以一种便于找茬鬼解释的方式表达出来。太多治疗和个人成长的重点是发现问题，然后纠正问题。这就解释了为什么人们完成了个人成长探索后仍然有一个重达300斤的找茬鬼，这种态度是其中一个主要原因。只要治疗师和老师像父母一样什么都知道，找茬鬼就会增加体重。与其去发现哪里出了问题，不如去探索我们是谁，我们是怎样运转的。让我们了解住在我们体内的令人惊叹的自我系统，看看它们是如何相互作用的。让我们学习以更多的方式调配它们。这样，我们都在同一条船上，都是探索者，而找茬鬼却没有同样的可获得的燃料。

作为辩手的找茬鬼

找茬鬼在辩论中学习，这让事情变得更加棘手。对于任何一个问题，它可以持有任意一方的观点，你经常能听到它在与同一个人，就同一个问题的争辩中，同时持有两方立场。与找茬鬼相处的最大一个挑战是明白它说的内容并不重要，它背后的能量才是我们理解它的核心。找茬鬼可能会对你说，"那真的没用！"你感到沮丧和失落。你的注意力放在失败的事情和原因上，但这不是问题所在。问题是有人正在伤害你。不管找茬鬼的回应有多好听、多善意，如果它的话是拿着刀（或掐住喉咙或击中头部）说的，那么问题就是要认出它话语背后的能量，知道它就是那个正在攻击你的危险武器。你可以找其他的时间解决找茬鬼说的那些细节。

听听下面这段与埃伦的心音对话。她一直在谈论与朋友之间的问题，和朋友在一起时她经常批评自己。

引导者（对找茬鬼说）：埃伦说在与朋友相处方面，她经常批评自己。我认为是你的缘故。

找茬鬼：当然是我了。她在人际关系中表现得太积极了。她需要矜持一点，不要太平易近人。她太开放了。

引导者：你似乎是在建议她对朋友们多一些算计，而不是让一切自然而然地发生。

找茬鬼：不，她不能算计别人。她必须要有个同伴。我希望她能真实地做自己。

引导者：但是你刚才说她表现得太积极、太开放了。现在又说她要真实。你觉得怎样算是真实？

找茬鬼：真实是坦诚，不耍花招，做事问心无愧。她需要变得更强大，能够表达自己的真实感受。她太需要别人的支持了，我无法忍受这点，她需要自信一点。我想让她交更多的朋友。

在这段简短的对话中，找茬鬼通过引导者告诉埃伦：她表现得太积极、太开放了；它希望她更坦诚、更真实；她需要变得更强大，她太需要别人的支持了；她必须学会表达她所有的情绪。除了这些有点混乱的内容，还有一个更重要的问题，那就是找茬鬼沟通时爱攻击的本性。我们必须学会辨认出情绪的攻击性。这只是一段普通的日常对话，类似的对话每天在我们的脑海中不断出现，难怪现在大家都经常服用阿司匹林。要说找茬鬼会让你头疼，那都是轻描淡写。

找茬鬼的智商

我们常常认为，对次人格进行智商测试是很有价值的，它们的结果肯定会非常不同！找茬鬼的得分可能比我们的自我得分高2到3倍。找茬鬼非常聪明。它的思维与高速计算机一样敏捷，能够从一个领域跳到另一个领域，找到弱点，并以一种相当可怕的方式捍卫它的观点，抵御攻击。它这么多年来一直隐藏着自己，这就是它智慧的最好证明。

这并不是说人们没有意识到自己在批评自己。你经常会听到人们这样说："我对自己很严格，觉得自己不是这不好就是那不好。"然而，这不是"我"在批评我，是"我的找茬鬼"在批评我，这是我们要学会迈出的那一步。每当意识到我们在批评自己的时候，我们必须要更进一步。我们要比找茬鬼更聪明，更有觉知。我们要学会后退一步，找回觉知自我，说："在批评我的人不是我，而是我忠实的老朋友，找茬鬼。他（或她或它）是那个正在批评我的人。他一定是在担心什么事，感觉很脆弱。我得和他谈谈，看看他在烦恼什么。否则他会整天待在我身边。"通过这种方式，我们帮助自己与找茬鬼分离，帮助找茬鬼缓解它的焦虑，并慢慢将它转化为我们的创造力和洞察力的一部分，让它在我们的控制下工作。

• 找茬鬼的计划是什么？

1.你的卧室里有多少书等着你去读？对于那些你还没有读的书，找茬鬼说了什么？

2.找茬鬼对你的饮食方式有什么看法？它希望你怎样改善你的健康状况？

3.找茬鬼觉得你还应该在哪些方面改进？思考一下身体、心理、情感和精神上的改进。

4.找茬鬼把你和谁比较？（无论是什么）谁做得更好？谁比你更优秀？

第六章
找茬鬼的攻击和应对方法

> **我们的任务是学会看到这些攻击背后的实质，发现我们的朋友，找茬鬼在虚张声势，在它那强硬、好斗和攻击之下隐藏着一颗非常柔软、温柔的内心，它很害怕。**

找茬鬼在每个人身上活跃的时间长短不一。对很多人来说——这些人比你想象的还多，它每天都在工作。只是有些时候，它的作用比较小。根据我们的经验，某种程度上，它影响着每个人。有些人没有意识到自己心里的找茬鬼，因为他们把时间花在批评别人上，而不是批评自己。然而，如果生活给他们一记重击，摧毁了他们的力量，比如离婚、生病，他们的找茬鬼就会开始工作了。

一天之中，我们经常受到我们所说的找茬鬼的攻击。在这些特殊的时刻，找茬鬼会无比闪耀地出现在我们面前，用它的一切来攻击我们。这时我们真的觉得自己很糟糕。通常，来自外部的影响会导致这类攻击，尽管不是每一次都这样。在这里我们想要讨论一些发生在我们生活中的情况，它们让我们变得脆弱，更容易受到找茬鬼的攻击。

评判

导致找茬鬼攻击我们的一个最基本的外部事件是有人批评或评判我们。这种外在的批评唤醒了找茬鬼，它开始焦虑。我们因受到批评而感到非常脆弱。没有人喜欢被批评。批评威胁了人们的自尊，他们会感到羞耻、愧疚。为了弥补脆弱，找茬鬼会采取行动。毕竟，从孩提时代起，它的一项基本工作就是保护我们免受批评，而它的方法是赶在别人之前批评我们！

生活中每一个重要的人（甚至是不重要的人）都可以评判我们。广告告诉我们要看起来年轻，要苗条，要健康，要快乐，这些都可以理解为是一种评判。外界有这么多触手可及的评判，人们往往很难意识到他们的心里也有一个评判家。在某些情况下，学会与外部的评判者相处对于改变找茬鬼有很大帮助，然而更可能发生的是，解决了外部评判者的问题后，找茬鬼变得更强大，甚至比以往任何时候都更加坚不可摧。人们摆脱了非常挑剔的父母后，经常发生这种情况。他们离开了家，尽量不与父母有任何来往，他们认为评判的问题已经解决了。根本不是这样！在他们的心中，评判的声音比以往任何时候都大，力量也更强，在许多情况下，甚至更有效，因为人们不知道找茬鬼的存在。

当人们退出某个过于武断、严格的宗教教育时，我们也会看到这一点。他们反抗原教旨主义[1]的狭隘和评判，然后采取一种截然不同的，甚至与原来观点对立的价值体系。他们一辈子都会憎恨原教旨主义者和他们的教义，却从未意识到在自己的内心深处，找茬鬼已经与强大的原教旨主义者结盟，重复着这些教义。

每当我们周围的人批评我们时，我们都在进行一场艰难的战斗。我们既要应对外部的人，又要安抚心里的人，而心里的人对我们来说既无形又未知。我们可能会因外部的批评感到痛苦，却找不到我们的内在敌人所导致的痛苦的焦点，因为它是无形的。一般来说，我们只是感到沮丧、焦虑、悲伤、头痛、没有力气。一旦掀开找茬鬼的隐形斗篷，与外部

1　原教旨主义是指当感到传统的最高权威受到挑战时，仍反复重申原信仰的权威性，对挑战和妥协予以坚决回击，一旦有必要，甚至用政治和军事手段进一步表明其态度。

评判的战斗就会发生对我们有利的变化。想象一下，当你和面前的敌人打斗时，还有一个隐形人站在你的身后，打你的头，掐你的脖子！

外部评判的核心是这样的："你的问题是……"这是审判官们冗长无味的抱怨。它就像宗教咒语一样，在我们心中根深蒂固。"你的问题是……你的问题是……你的问题是……"对许多人来说，他们在很小的时候就听到了这些声音，这些声音还会伴随着他们，一刻也不会停止，直到生命结束。如果我们的成长过程中，外在环境里一直有这样的评判，那么在内心里，找茬鬼就会发明与之相应的音乐。不管用什么旋律来唱，副歌部分的内容都和外部的评判一样：你的问题是……你的问题是……你的问题是……在某种程度上，找茬鬼的攻击带给我们的主要感觉中，始终有这一部分。

然而不是所有针对我们的评判都消失了。我们会从环境中接收到更微妙的消极信息。例如，约翰下班回家，他收拾了几分钟，然后问他的妻子："你今天抽空取我的衬衫了吗？"这听起来像是一个没有恶意的问题，但在恋爱关系中，这类问题背后往往有着其他的目的。在这个例子中，约翰的感受才是背后真正的问题。许多人很难向对方表达自己的真实感受。每一种未说出口的感受都有可能成为对另一个人的评判。

虽然直接的反馈可能会让人不安，但它至少让我们了解了表达者的真实想法。无声的评判会在我们不知情的情况下捣鬼。

约翰问起他的衬衫时，玛丽很内疚。她的心里充满了歉意和懊悔。她像一个女儿一样回应着隐藏在约翰问题背后的评判，这评判约翰并没有察觉。她的找茬鬼同意这无声的评判，开始从内部攻击她。然而，约翰感觉到的是，她没有给予他足够的关注，她忽视了他的需求，她花了太多时间和孩子、朋友在一起。他完全不知道这些感情，也不知道自己的脆弱。他发出的那些评判的声音是他的避难所，这样他就不会被她伤害。可以总结出这样的规律：**在一段关系中，如果一个人没有看到自己的脆弱，他可能会以评判的方式来应对，这些评判可能说出来了，也可能没有。**因此，在这种情况下，没有被看到的脆弱是非常危险的。

萨姆和海伦正在一家餐厅吃晚饭。这是一家相当高雅的餐厅，海伦对自己的外在形象有些不自信。然而，她并没有意识到自己的不适。她开始挑剔萨姆吃饭的样子。她看着他，觉得他很邋遢，没有风度。她很在意别人看到了他吃饭的样子会怎么看他们。对萨姆来说，他一开始吃得太快，食物洒了出来，溅到了衬衫上。他觉得自己像个一流的笨蛋，而他的找茬鬼开始行动，让他知道自己真的是个笨蛋。萨姆和海伦一句话也没说，但海伦彻底进入了评判自我的模式，而萨姆则经受着找茬鬼的一次头等攻击。这就是无声的评判。

压力

任何情况下所产生的压力都是找茬鬼的导火索。面对压力，找茬鬼再次用自己的方式回应脆弱。它总是与我们的脆弱对抗，因为正如我们所看到的，它生来就是为了保护脆弱。如果我们不知道该如何恰当地处理压力，压力就会让我们更脆弱。

压力通常与疲劳或过劳有关。疲劳也会让我们比平常更脆弱。压力和疲劳往往会削弱我们的应对能力、我们性格的优点。每当我们基本的应对机制不能正常工作时，我们会更脆弱，找茬鬼可能会攻击我们不自洽、不够强、不能掌控局势、不专注或者其他上万种它所熟知的描述。当然，在这一切的背后，是一种本能的恐慌：我们在这个世界上并不安全，我们无法掌控人生。因为生活中有很多的不安全感和压力，大多数时候找茬鬼都能找到切入点。

否认自我

找茬鬼攻击的另一种情况是，在某些社交场合或是商业场合中，我们的某个否认自我出现了。找茬鬼非常害怕我们出洋相或是做出可耻的行为。从这个角度看，它的行为就像一个父母，实际上，它确实是。否认自我是我们身上那些不允许被表现出来的部分，因为我们在这个世界上生存的那个我不允许它存在。例如，要求控制别的我的那部分我不希望我们有一个更自主、自由的精神，因为这可能会发生危险。我们可能会出洋相，或是做一些让我们很尴尬或羞愧的事情。找茬鬼记得这种感觉带来的痛苦，这在成长过程中经常发生，它不希望这种痛苦再次发生。

比如，爱丽丝去参加一个聚会，喝了几杯。很快，她的自主自我出现了，她开始插话、唱歌、调情，玩得很开心。第二天凌晨，2点或4点的样子，她的找茬鬼开始攻击。找茬鬼最喜欢这个时间，因为在这个时间点，我们往往非常脆弱，无法抵抗。找茬鬼喜欢揪出我们昨晚、昨天、上周、上个月、甚至10年前做错了什么。它的记忆力惊人。就这样，前一天晚上，那个被否认的自我让爱丽丝为所欲为，现在，找茬鬼对她为所欲为！它会竭尽全力，恢复控制，确保万事安全。过量饮酒引起的生理上的宿醉，与找茬鬼的攻击所带来的心理上的宿醉，特别是凌晨的各种心理宿醉相比，微不足道。

那些忍受着强烈控制的人一般会通过喝酒或吸毒来摆脱

控制。就像爱丽丝一样，喝酒或吸毒后，他们可以自由地展现被否认的自我。每当这种情况发生时，找茬鬼就开始蓄力，一旦取得控制，便像猛禽一样卷土重来。

不熟悉的情境

对情况不熟悉是另一件容易激活找茬鬼的事情。和其他情况一样，最本质的问题是脆弱性。去未知的地方旅行，生孩子，换工作或参加某个新项目——这些都会让我们更加脆弱。因为在陌生的地方，我们的行事方式会受到威胁。当我们无法缓解心里的脆弱，或是没有意识到这种脆弱时，找茬鬼就准备好入侵了。

成为焦点

每次我们做了让自己成为众人关注焦点的事情，找茬鬼都会做好准备袭击我们。我们的表现和别人的评价是这次问题的关键。被评价使我们变得脆弱，因而对找茬鬼的侵袭更敏感。想想我们的教育体系，就会明白找茬鬼为何能变得如此强大。从小，就一直有人给我们打分，评价我们的行为、努力、学习能力、掌握的知识。由于教育的本质就是评估孩子们做的一切，因此，不断有人评价、批评我们所做的一切。

仅凭这一点，就能把找茬鬼滋润、喂养到超重的程度了。

厄运

厄运也可能引起找茬鬼的攻击。失业、考试不及格、被朋友或伙伴抛弃都是这样的例子。经济不稳定是这个问题的一个重要因素。经济困窘时，我们更可能感受到找茬鬼的力量。每一个遭受厄运的例子都代表了一种强大的威胁，它唤起了我们的脆弱，邀请找茬鬼进入，因为找茬鬼永远生活在被抛弃的恐惧中，永远担心我们无法取得成功。它越感到恐惧，就会越恶毒地攻击我们。

我们的任务是学会看到这些攻击背后的实质，发现我们的朋友，找茬鬼在虚张声势，在它那强硬、好斗和攻击之下隐藏着一颗非常柔软、温柔的内心，它很害怕。**杀手的愤怒和脆弱是一枚硬币的两面，无论这种愤怒是向外的还是向内的。**我们在前文中说过，我们在这里再说一遍，否认脆弱会让你成为一个非常危险的玩伴。

在你的生活中，有某些特定的人会引起找茬鬼的攻击吗？

在你的生活中，有没有那么一个人总是会引起找茬鬼的攻击？如果有的话，那你和这个人的关系中有某些东西对你来说不太合适。也可能是另一个原因，这段关系背负着你的一个否认自我。如果你高估了另一个人，只是和他在一起都会让你感到自卑，这通常是一个信号，代表着那个人身上有你否认的自我。你可以翻到第一章后面的练习，做否认自我练习的第二部分来验证这一点。你可能会发现这个人身上带着你已经否认多年的自我。

例如，每当埃莉诺和艾丽西娅在一起时，就觉得自己很邋遢，艾丽西娅的衣着总是很优雅。埃莉诺的找茬鬼是这样说的："你在她身边看起来很邋遢。没有人会注意你，即使注意到了，他们也会觉得艾丽西娅更漂亮。"很快埃莉诺的找茬鬼便将目光转移到了她生活的其他部分，展开了一场全面的批评。

埃莉诺的主要自我崇尚冷静、简单、努力。她认为，关注自己的外表是浪费，是低级趣味。埃莉诺的主要自我反对将时间和金钱花在它认为肤浅和无用的事情上。因此，埃莉诺不在乎自己的外表。找茬鬼也支持这一决定。因此，找茬鬼的攻击是在暗示埃莉诺，她忽略了自己个性中重要的部分，这部分就是，她也喜欢在外表上花时间，就像艾丽西娅一样。

也许这个经常在你身上引起找茬鬼攻击的人，他的主要自我喜欢贬低他人，总觉得自己比别人强。或者这个人让你想起了你的父母或某个强势的兄弟姐妹，这样的记忆再次激活了找茬鬼，它对你的安全感到焦虑。在思考这个问题的时候，你可以把这个人当作一个老师，他帮助你更好地了解自己。当然，发现了找茬鬼的攻击模式之后，你可能希望避免与这个人进行这种特定形式的接触。

如果生活中的某个人总是引发找茬鬼的攻击，那么是时候去发现这段关系到底出了什么问题了，无论是通过你自己的个人努力还是获取心理治疗师的帮助，都可以。没有必要生活在这种关系造成的痛苦中。

应对找茬鬼的攻击

在本章的最后，我们有一些建议，留意可能出现找茬鬼的攻击的时间和地点。查看这些时间和地点时，你可能会发现一些有趣的模式。攻击常常发生在人们感觉饥饿、疲劳或孤独的时候。如果是这样，那么注意你的饮食和睡眠习惯，也要注意你的社交情况，保证你有足够的时间与他人在一起，这样你就不会孤独。某些食物会引起找茬鬼的攻击。我们知道有些人在吃了糖或摄入了某种咖啡因后特别容易受到攻击。有时候找茬鬼的攻击是由食物本身引起的，有时单纯是因为新时代的找茬鬼告诉我们，糖和咖啡因对我们有害。有些人因为酒精本身的作用，而在喝酒后受到找茬鬼的攻击。我们每个人都各不相同，你可以利用找茬鬼的攻击来探索你所做的哪些事情不符合你的内心。

你可能会发现自己在晚上，或是白天的某些时候特别敏感。找茬鬼就很喜欢在凌晨发动攻击。如果你躺在床上，听任找茬鬼对你说，你是一个无可救药的失眠患者，然后让它回顾你一生中所有的错误，那你就有大麻烦了！如果你知道怎么冥想或祈祷，现在是个合适的时机。如果你懂得其他的放松技巧，现在也是使用它们的好时机。如果你不能平静下来再次入眠，我们建议你起床做点什么。做任何事情都比被动地躺在床上，成为找茬鬼的受害者和猎物要好。

许多人发现，个人写作对他们来说是最好的办法，无论是某种形式的写日记或是写下梦想（以故事的形式讲述它们或开始实际的行动）都可以。如果你不喜欢这些，可以做一些愉快的事情，或是能够分散注意力的事情，比如读书，喝一杯热牛奶或花草茶，或者听一些你喜欢的舒缓音乐。这些技巧可以缓解找茬鬼的焦虑，让你感觉不那么脆弱。

如果你是一个积极外向的人，做点事情吧。毕竟，不管怎样，你是清醒的，你的大脑可以工作。你甚至可以利用这个机会处理一些你一直在拖延的工作、你觉得没有意思的工作。这样，你不但能缓解找茬鬼的攻击，还通过完成一些未完成的工作解决了找茬鬼潜在的焦虑。

当你识别出一些找茬鬼攻击的征兆时，对自己说："我闻到了些味道，找茬鬼要攻击我了，我得做点什么。"然后，就像我们之前说过的，做点事儿，什么事儿都行，而不是被动地躺在那里，任由攻击发生。如果对你来说，找茬鬼的攻击与压力有关，那就想想你生活中的压力，你可以做些什么来缓解这些压力。你可能需要调整时间表或重新安排事情的优先级。这也可能意味着你需要去完成某些未完成的任务了，你现在留着这些任务不做，消耗的精力比完成这些任务消耗的精力还要多。

找茬鬼和生活中的压力

找茬鬼不仅会对生活中的压力做出反应，而且还会在现有压力之外引入它自己的压力。击垮你的不仅是批评的内容本身，不仅是设定的目标很难完成（或不可能完成），而是找茬鬼持续不断的、充满恶意的攻击——这些攻击给我们施加了苛刻的、无情的压力。

现在你可以确定找茬鬼对你的期望了。回答完第五章后的练习，你已经知道了找茬鬼关于自我提升的计划。你有没有可能忽略了一些需要改进的地方？如果你忽略了，把它加到你应该做的事情清单上。看看这个自我提升计划，明白它是在主要自我的帮助下，由找茬鬼设定的。你可以修改它。**现在把你和找茬鬼的要求分开，记住找茬鬼永远都不会满足，然后重新评估这个计划。**这个计划中可能有你认为重要的部分，也有看起来完全没有必要，甚至不需要你去担心的部分。如果你愿意，可以和你的小组成员、你信任的人、治疗师或老师一起，重新评估这个计划，他们会帮助你形成一套更现实、更合适的自我期望。这种周期性的重新评估可以帮助你减少找茬鬼攻击给你的生活带来的压力。

平凡的自由

如果在你重新评估找茬鬼的计划时，我们能鼓励你迈出重要的一步，那么这一步就是：允许自己是个普通人！要求自己是与众不同的，这会给你的生活增加不可估量的压力。我们的意思不是说你要变得漫不经心或甘于平庸，而是你应该从这列失控的特快列车上下来，过自己的生活，对取得非凡成就的要求少一些。当你的重点不再是让别人惊讶或超过他们时，你有了更多精力，可以做到最好。你不再会花费一半的时间回头张望，看别人在做什么或者将自己与他们比较。

　　你不需要一次把这些都做完。重新评估找茬鬼的计划是一个持续的过程，我们每个人都需要不断努力。每次进行这种重新评估，你都在剥夺找茬鬼（和主要自我）的权威，都在获得属于自己的权威，承担自己的责任，指引自己的生活。

• 找茬鬼攻击的时间和地点？

　　让我们看看属于你的找茬鬼攻击，攻击的时候找茬鬼会失去控制，横冲直撞，好像没有什么可以阻挡它。

　　1.有些人总是让我们觉得自己不好。在你的生活中，哪些人总是引起你的找茬鬼攻击？一旦你想到了某个人，思考以下问题：

　　a.闭上眼睛，想象你们最后一次见面或者最后一次交谈的情景。他（她）到底做了什么或者说了什么让你感觉很糟？（一般会是某种直接或间接的评判或比较。）试着回忆一下，越具体越好。

　　b.你当时的反应是什么？你还记得发生了什么吗？能描绘出来吗？

　　c.你能把找茬鬼的攻击和这个人对你说的话联系起来吗？

　　d.你能看到其他人发生这种情况吗？

2.在接下来的三天里，仔细观察找茬鬼攻击的模式。在攻击结束后，你感觉好些了以后，试着发现是什么引起了攻击。它们是发生在某个特定的时间点吗？还是发生在某个特定的人身上？你被批评了吗？你处在压力之下吗？你丈夫跟你说了什么吗？你特别饿或者疲劳吗？根据我们在本章中给出的例子，检查一下发生了什么。

3.当找茬鬼没有攻击你的时候，思考一下你自己的攻击模式有什么独特之处，运用本章中的信息和建议，看看你能否找出应对的方法。假装你正在给别人提建议，告诉他们如何应对那些容易受到攻击的情况。在这个过程中，不论在任何时候，如果你觉得自己被找茬鬼控制了，稍等一会儿，换个时间再继续，自己一个人或者和其他人一起都行。

第七章
找茬鬼在羞耻、抑郁和低自尊中的作用

我们个人觉得，当今社会的很多常见的心理问题都源于找茬鬼强大的致病性。在我们所处的文化和历史时期，只是如实地做人是不够的；我们必须变得越来越好。在大多数情况下，客观地看待自己，审视现实，按照我们心中最深层的需要去真实地生活，是不被鼓励的。相反，我们必须不断提高自己。这为找茬鬼的成长提供了肥沃的土壤。

你是否饱受低自尊之苦？大多数人都是这样的。

低自尊的概念在很久以前就提出了。它就像一种病毒，每个人似乎时不时地都会感染；我们都知道这一点，也明白这是怎么回事。但总的来说，你仍然觉得自己不好。你不喜欢现在的自己。你觉得自己没有独特的价值。你无法为自己挺身而出，很难坚持己见，觉得没有人想要与你有任何瓜葛，

无论是在工作中还是在私人关系上。有些人长期受低自尊的困扰，有些人偶尔忍受一下，还有些人在他们内心的奋斗者和完美主义者的敦促下，展示了惊人的演技，掩盖了低自尊的痕迹，欺骗了自己和其他人，所有人都认为他们一定觉得自己非常了不起。

在众多心理不适中，低自尊是目前最普遍的一种形式，可能之后也会是最普遍的那一种，因为它太常见了。主流媒体已经发表了许多文章，讲解如何识别并改变低自尊的状态。这带来了一个问题，一旦你知道了自己是低自尊的人，你就会感到羞愧，而这只会增加你的自卑感。

有很多原因会让人们觉得自己不好，但我们认为，造成这种被称为低自尊的不适的主要因素是找茬鬼的秘密行动。如果有人不停地说你有什么问题，如果你相信他的话，你怎么会觉得自己很好呢？

为什么我感觉不到成功？

你感觉不到成功，是因为找茬鬼不让！事情往往就是这么简单。不管你做什么都不够。找茬鬼拥有出众的智力和超人类的感应方法，它知道你所有的错误和失败，哪怕是未曾公开的那些，它不会让你感到成功的。

如果有人不断地提醒你，你有什么缺点，你做过哪些错事，你未来可能会做错什么，你怎么会感到成功呢？当你真的实现了目标，找茬鬼又会说些什么呢？我们一起来听一听。

是的，你在工作中的表现确实很好，但那是以牺牲个人生活为代价的。

你的工作和个人生活都在你的控制之下，但你的身体一团糟，或者你还没有处理好和父母的关系。

到达现在的位置，你花的时间最长。

别人还不知道你在实现这个目标之前所犯的错误。

这不重要，你所有的朋友都做得和你一样好，甚至比你更好。

你可能是成功的，但你仍然没有获得真正的财富。

是的，你有钱，但你没有真正的事业或专业。

没有人在乎。

你欺骗了所有人。你做得没有那么好。（一般还有一份清单，上面写着哪些地方还是错误的，或哪些地方还应补充，或哪些地方你最好继续跟进。）

你的兄弟（或姐妹、父亲、母亲、朋友、同事）会做得更好（或更快）。

你的找茬鬼，它想要让你远离失望与羞愧，它不会让你对自己已经完成的事情感觉良好。它经常会担心，如果你感觉良好的话，就会有人把这种感觉从你身边夺走。感觉不好反而更好，这样你就不会失望了。有时找茬鬼害怕别人嫉妒你，担心他们可能会批评你，为了让你提前做好准备，它先批评你。

有时候，找茬鬼真正担心的是骄傲的罪。有些找茬鬼有很深的宗教基础，他们担心你变得太骄傲。他们的工作就是让你保持谦逊和感恩，提醒你记住自己的位置，防止你自我膨胀。在做这件事的时候，它可以变得很残忍。

羞耻感

约翰·布拉德肖（John Bradshaw）的精彩作品让我们对我们文化中一种最普遍、最痛苦的心理问题有了全新的理解。他提出了一个概念：毒性羞耻感（toxic shame），也就是"束缚着你的羞耻感"，他还展示了毒性羞耻感对生活有多么深刻的影响，会带来多么大的破坏。正如他在《摆脱束缚你的羞耻感》（*Healing the Shame That Binds You*）一书中所说：

被羞耻感束缚意味着每当你有任何感觉、任何需要或任何强烈的欲望时，你立刻感到羞耻。而让你生命充满活力的核心正是建立在你的感觉、你的需要和你强烈的欲望之上的。如果这些都被羞耻所束缚，你会羞耻到骨子里。

接着，他讲解了羞耻会如何摧毁我们，以及它为何会成为各种成瘾和虐待行为的根源。他说明了它是如何在依赖共生、自恋、边缘型人格障碍和抑郁症中发挥作用的。他解释了为何它是精神破产的征兆。

我们想问的是："是谁让你感到羞耻？"对我们来说，答案当然是找茬鬼。找茬鬼觉得你糟糕透了。找茬鬼认为永远不能让任何人知道你是谁，因为你就是个错误；你是个有缺陷的、邪恶的，甚至是危险的生物。找茬鬼害怕别人发现你很讨厌，或者很可怕，它害怕他们会伤害你或者拒绝你。

就像你的父母曾经做的一样，找茬鬼会让你感到羞耻，这样你就会改变你的行为（即使不能改变你"糟糕的核心"）。它希望，就像你的父母之前所希望的那样，如果你伪装了自己的行为和感觉，那么也许，只是也许，你会更容易被别人接受。

在毒性羞耻感的情况下，找茬鬼最深的恐惧是：你本质上是糟糕的、有缺陷的，你是一个错误，你没有任何好的地方。它不知疲倦地发现你，然后改变你。因为它必须将你变成某个与你的本质不同的人，它让你离自己本来的感觉、需要和欲望越来越远。它想象着，被人接受的人是什么样子的，它想要让你变成这个人。

如果找茬鬼不断地对你本身的特质进行攻击，如果它认为你的一切都有缺陷，如果你不再认为自己实际上是宇宙中的一个小孩，那么你就是生活在羞耻中。你觉得自己不配活着，你必须要为你的存在而道歉。你必须尽己所能，让生活过得下去。不幸的是，你为此而做的许多事情（比如上瘾、依赖共生或反社会行为）恰恰证明了你有多糟糕，找茬鬼会感到恐慌并加强攻击，你会感到更加羞耻，形成恶性循环。

找茬鬼的特殊优势

我们已经提到了找茬鬼的特殊优势，这一点非常重要，我们想再说一次。内心找茬鬼的优势就在于：它在我们的心里！它从你的内在了解你，而且，它一般都是隐形的。

它知道你性格中所有的部分，包括你出于各种原因，想向别人隐藏的部分。它知道你觉得自己不好的地方，也知道你感到羞耻的地方。如果你看起来很自信，它知道你内心其实很紧张。如果你善良又慷慨，它知道有时你觉得自己很自私。如果你完成了一项任务，它知道你还有什么没有完成。它知道你内心所有卑鄙、无情、残酷的感觉。它知道你的性幻想。它知道你什么时候需要帮助，什么时候脆弱，即使你可以对别人隐藏这些。

找茬鬼知道你所有最深、最黑暗的秘密，那些你真的想要隐藏的秘密。而且，它会利用这些情报，无情地批判你。

危险——前方抑郁！

找茬鬼占据上风时，我们会陷入相当严重的抑郁状态。当它的力量增强，我们甚至会觉得生活太麻烦了。早上为什么要费事起床呢？为什么要费心打扮呢？为什么要去工作，甚至为什么要去找工作呢？毕竟，当你觉得什么都不够好时，何必去尝试做任何事呢？下一步就是一种麻木感，接着，人们很容易觉得不值得再活下去了。

显然，如果我们观察这些对自己不满的感觉，通常会在背后发现我们的老朋友，找茬鬼，它在考核、评价我们，发现我们的不足之处，削弱我们自我价值的基础。正如我们之前所说的，一旦听到了疯狂电台中找茬鬼的声音，我们不用再听它在说些什么，反而可以直接带着我们的能量和解决问题的能力去找我们内心不安的源头。

第八章
找茬鬼——内在小孩的施虐者

> 逃离外在的施虐者是困难的，逃离内在的施虐者则更加困难。找茬鬼的虐待发生在你的内心深处，没有人能看到或者听到，没有人能帮助你，这时，内在小孩会饱受折磨。

找茬鬼的行为有一点非常特别，而且很有趣，那就是它在儿童虐待循环中所扮演的角色。众所周知，童年时期受过虐待的人长大后可能也会虐待自己的孩子。与此类似，找茬鬼重复外在父母的批评或虐待，并通过对内在小孩施虐来继续这个循环。

脆弱小孩

内在小孩包括了我们在第一章中提到的脆弱小孩，它最近得到了大量关注。我们很高兴它受到了关注，因为很长时间以来，我们都觉得内在小孩，尤其是它脆弱的那一面，是我们内在性格中最重要的一个角色。

谁是脆弱小孩？我们刚出生的时候，都是脆弱的小生物。这个孩子过去和现在都非常敏感。它会对能量而不是言语做出反应。它能感觉到世界上正在发生的事情，并不试图去理解它。它也能感受到我们体内正在发生的一切。这样，它可以感受到我们情感交流中的所有微妙之处，包括与外界的交流和与我们自己的内部交流。

内在小孩有很多方面。除了脆弱小孩——它承载着我们最深的情感、敏感和脆弱，内在小孩的其他方面承载着我们的天真、羞怯、寻求关注、恐惧、快乐、特殊才能、无拘无束的能力、玩闹的能力和冒险精神。当我们忽视或虐待内在小孩时，它会对我们或其他人感到非常生气。

要想使亲密关系成为可能，脆弱小孩是其中一个主要的参与者。我们在《拥抱彼此》一书中谈到了这一点。当脆弱小孩出现在你们的关系中时，你能真切地感受到它。你和别人之间有一种几乎可以明显感觉到的温暖，你们之间充满了满足感。当这个小孩不在时，你会感到空虚和孤独。

内在小孩，以及它的各个方面，通常在我们成长的早期就被埋葬了。对于敏感的人来说，这个世界并不安全，所以它躲了起来，由其他的自我接管我们的生活，尽可能地成功和高效。这些自我就是我们在第一章中讨论的那些主要自我。但是，我们看不见并不意味着内在小孩不在了。它仍然存在，可能藏在壁橱后面，可能在树屋里，可能在洞穴深处。它仍然可以在藏身之处观察、聆听、感觉，但我们意识不到。

找茬鬼是残酷的辱骂型父母

找茬鬼工作的时候，你的内在小孩，极其敏感的它，身上发生了什么？它被辱骂了，被恶狠狠地辱骂了！根据成长环境的不同，内在小孩遭受的辱骂程度可以从轻微一直到恶毒。但辱骂在某种程度上一直存在。

找茬鬼的诞生是为了保护内在小孩，使它免受伤害。它的作用是帮助你融入并适应你周围的世界。不管它的行动有多温柔，它都传递了一个明确的信息：内在小孩本身的行为是不被接受的，它的天性也有一些问题。由于脆弱小孩非常敏锐，这种批评对它来说是非常痛苦的。

现在让我们思考一下，如果你的父母真的对你漠不关心，或者更糟，他们辱骂你，之后会发生什么。找茬鬼会模仿外部权威，所以，在这种情况下，它会模仿你的父母。如果他们辱骂你，找茬鬼也会以类似的方式辱骂你。如果你的父母过着有耻感的生活，他们会羞辱你和找茬鬼，而找茬鬼也会收到这个信息，然后羞辱你。为了确保你能得到保护，为外部可能出现的辱骂做好准备，找茬鬼一般会增加辱骂的强度。

因此，在与找茬鬼的对话中，我们经常能听到辱骂型父母的声音：

他是个白痴。

她是个讨厌鬼，是蛀虫。连她的母亲都希望她离开。

她是一个婊子。

我希望他从来没有出生过。他有些地方不对劲，我打他他也不说。

她一无是处，只会惹麻烦。

他百无一用。

成功是不可能的。这个家里没人成功。

他将一事无成。

她只擅长一件事……

她很丑，谁也救不了她。

没有人真心喜欢过她。

他很恶心。

她太专横了。

要是不打他，他就会做坏事。

如果没有人管教她，她会给这个家带来耻辱。

没有人会爱她那样的人！她妈妈也是这么跟她说的。

他不配得到更好的。

人们必须强迫自己，才能对他好一点。

在某个时间点，一般是在早期的形成过程中，找茬鬼超越了原本的界限，开始了它的失控生活。它忘记了保护你不受其他人辱骂的初心，开始辱骂你。它知道你很糟糕，你活该遭受它所有恶毒的评论。更糟糕的是，它可能会说服你，让你觉得自己有很大的问题，你本质上就是邪恶的或有缺陷的，这样它的批评就是正当的。除此之外，就像我们在第三章中所讨论的，它的话听起来像是绝对真理。

现在你心里有了一个辱骂者，而它责难的主要对象就是内在小孩，找茬鬼用无休止的、看似合理的辱骂折磨它。这会造成强烈的精神痛苦。有时找茬鬼会在心理虐待的基础上，加上身体虐待。在这样的情况下，除非惩罚找茬鬼，否则它是不会停止的；身体上的痛苦或巨大的情绪痛苦就成了必然。然后找茬鬼松了口气，知道已经完成了它的任务，得到了片刻安宁。

逃离辱骂者的困难之处

逃离辱骂你的人是困难的，逃离内在的辱骂者则更加困难。找茬鬼的辱骂发生在你的内心深处，内在小孩（或其他自我）受到了伤害，然而这一切没有人能看到或者听到。这幅画面让人非常难过；就好像你的内在小孩和找茬鬼锁在了一起，包括你在内的任何人都无法拯救它。

你们之中有许多被辱骂的人都在努力地逃离外在的辱骂者，然而却无法逃离内在的辱骂者。我们认为与找茬鬼合作是非常重要的。如果你无法与辱骂你的找茬鬼分离，你就会一直处在受害者的状态中。找茬鬼批评你，你觉得自己有缺陷，好像你就应该承受这个世界中最坏的结果。你无法保护自己。这让你成为受害者，谁都可以伤害你。身为受害者，你会吸引辱骂者，接受他们的辱骂。

这种发生在内心的辱骂有着很讽刺的一点：这一切都发生在你心中，而你甚至都不知道这件事。你只知道自己很糟糕，似乎总是陷入痛苦的境地。因此，即使是你，也不知道对内在小孩的辱骂，如果你没有看到它，你就无法采取任何行动。有一件事我们可以肯定，**如果你一直吸引着辱骂你的**

人进入你的生活，你就可以确定，找茬鬼正在以一种辱骂的方式在你身上工作着。

找茬鬼的秘密

找茬鬼有一个自相矛盾的地方，很有意思。为了与找茬鬼合作，你必须把它的存在透露给某个人，就像受到虐待的孩子必须让外界注意到他所遭受的虐待，才会有人帮助他一样。

如果你听到了找茬鬼的声音，它就会告诉你，让别人知道这件事对你来说简直太糟糕了。如果你告诉别人，他们会听到找茬鬼的抱怨，看到你的问题，这些问题他们之前并不知道。所以你试着保守秘密，这样就没有人会听到那些关于你的糟糕的事情。这样做可能才是正确的！

你思考着找茬鬼的话，越想越尴尬，越不愿意让全世界知道它和你最深层、最黑暗的缺点。

如果这种保密的需要阻碍了你，那么内在小孩被辱骂的整个循环仍然无法打破。你不能让别人听到找茬鬼的声音，他们本可以帮助你。你无法与觉知自我建立连接，它本可能会以不同的方式看待事物，而且它肯定会有其他办法。你形单影只地和那些丢脸的秘密在一起，它们在你心灵的黑暗衣橱里变得越来越腐臭，旁边还有一个找茬鬼，不断提醒你它们有多么恶心。

在残酷的找茬鬼发言之后，与内在小孩的对话

让我们听听内在小孩在听了找茬鬼的发言之后是什么感受。引导者已经和安娜的找茬鬼聊了很长时间。这位找茬鬼听起来很像安娜的母亲，她经常在安娜小时候辱骂她。安娜突然大哭起来。引导者知道她的内在小孩已经突破阻碍，出现了，它一直听着这些辱骂。引导者让安娜移到一旁，开始与内在小孩对话：

引导者：你在听，对吧？

内在小孩（抽泣着）：你听见她说什么了吗？我再也受不了了。我实在是受不了了。有时我只想躺在床上，永远也不起来了。太糟糕了。人生根本不值得。

引导者：什么事情糟糕？

内在小孩：我很孤独。那么孤独！那么那么孤独！（她抽泣得更加厉害了。）我从来没对任何事感觉好过。我总是害怕。她（找茬鬼）总是对我大喊大叫。我做什么都一无是处。不管我怎么打扮都很丑。没用的！我什么都做不好。我又蠢又笨，没有人帮我。我妈妈也不喜欢我，她以前经常惩罚我。

她不想让我和其他孩子一起玩。她说我很糟糕，别人都不喜欢我，她说的是真的。我一直都没有朋友。

引导者：这么孤独太可怕了。

内在小孩：没错。我找不到一个可以求助的人。我真的很害怕。每次我想交朋友，她（找茬鬼）都告诉我，一旦他们了解了我，他们就不会喜欢我了。因为我不够好，所以我也不想尝试了。再说了，没有男生愿意和我做朋友。我觉得自己有点问题。找茬鬼说是的，是我有问题。所以如果人们真的看到我，他们会跑走，无一例外。（叹气）我就是个讨厌鬼，大家都不喜欢我。你不觉得我很烦人吗？我现在最好安静点。

这段对话让我们看到了在经受多年的辱骂之后，内在小孩会发生什么变化。它孤独又恐惧，认为自己有问题。它害怕自己说出来后会被拒绝。虽然它迫切地需要别人的帮助，却无法开口求助。

打破虐待内在小孩的恶性循环

一旦你发现了找茬鬼一直在辱骂内在小孩，你就可以向前一步，破门而入，就像打破虐待儿童的外部循环一样。找茬鬼通过模仿你的父母来学习如何管教你。如果你的父母是辱骂型父母，找茬鬼就会打着"为了你好"的旗号反复辱骂你。它表现得和那些辱骂孩子的父母一样，而那些父母之所以如此，是因为他们自己往往也曾遭受辱骂。

打破找茬鬼辱骂循环的关键在于从找茬鬼的声音中脱离。之后，你便能够承担起内在小孩父母的职责。到目前为止，找茬鬼一直在做你内在小孩的父母；它之所以成为辱骂型父母，是因为它只知道这一种方式。奇妙的是，你也可以成为找茬鬼的父母，因为你能解决它潜在的焦虑，阻止它无休止的辱骂。你会惊讶地发现，你知识渊博，有很多选择。而找茬鬼只知道一种应对生活的方法——就是批评和辱骂（更多关于如何照顾找茬鬼的信息，请见第十七章）。

当我们和内在的辱骂者，找茬鬼，一起合作时，我们也可以进入外部的辱骂循环中。在你与找茬鬼分离，不再被它控制以前，你一直是你周围人中的受害者。作为受害者，你会将辱骂者吸引到你身边。你可能会唤醒别人的辱骂人格，包括你遇到的几乎所有人，甚至是那些平常不辱骂别人的人。你无法保护自己免受他们的辱骂，因为找茬鬼会告诉你，你活该。因此，你会永远带着这个"内奸"，它与敌人合作，将你出卖给他（她）。当你越来越明白这一点，你就会慢慢学会如何让找茬鬼噤声，不再成为辱骂者的受害者。

第九章
找茬鬼——隔绝我们本能能量的杀手

由于大多数人都经历过社会化的过程，一般情况下，在我们进入社会之前，强烈的感觉、情感和本能能量（instinctual energy）会被阻挡在外。接着，这些能量不但没有为我们提供力量，反而开始恶化、溃烂，随着时间的推移，它变得越来越强烈，越来越消极。最终，这种被否认的本能成为杀手般的能量，溢出到另一条轨道，找茬鬼的轨道上，最终反噬到我们身上。因此，这些被否认的本能能量中所有的力量和愤怒，都进入了找茬鬼。

我们用幽默的方式来描述找茬鬼，因为我们发现幽默是与找茬鬼分离最好的办法。然而，事实是，找茬鬼影响人们生活的方式一点也不好笑。它给我们带来了深深的沮丧感和无价值感，通过这种方式有效地麻痹我们。如果是杀手型找茬鬼，这种麻痹可能会变得非常极端，让人产生自杀情绪，最终导致自杀行为。

什么是杀手型找茬鬼？

找茬鬼的能力各不相同。我们经常开玩笑地将它们分为轻量级、中量级和重量级。优秀的重量级找茬鬼有2000磅，并且还可以更重。说实话，我们没见过多少轻量级的找茬鬼。对于重量级的找茬鬼来说，它的重量在某些时间点会发生变化，必须用不同的方式来处理。一提到它，人们就幽默不起来了。人们无法与它谈论隐藏着的脆弱和焦虑。重量级的找茬鬼就是讨厌我们，它希望我们去死。

我们必须以最大的尊重对待它们。它们的愤怒与恶毒，是有原因的。我们需要很长时间来弄清为什么它们对我们怀有如此深的仇恨，也需要引导者大量的耐心、非凡的意志力和技巧。看下面这段与简的心音对话。简是一位30多岁的女性，她父亲是个酒鬼，她从6岁到9岁一直遭受父亲的性虐待。

引导者（对找茬鬼说）：你似乎很生简的气。你为什么这么生气？

找茬鬼：我讨厌她。她不配活着。她被诅咒了。没必要

111

让她做任何事。她就是被诅咒了。

引导者：听起来你不想让她在你身边。

找茬鬼：我不想！我真希望她能自杀。我受不了她了。

引导者：你一直这样想吗？还是在某些特定的时候你会这样想？

找茬鬼：这和她的父亲有关。当她让她父亲碰她的时候，她就毁了我的生活。我讨厌她！我永远不会原谅她所做的事。

虽然找茬鬼一直觉得自己很理性，并以此为荣，然而一旦我们与找茬鬼分离，就会发现它有多么不理性。在杀手型找茬鬼的例子中，我们经常在对话的初期就可以看出它并不理性。例如，简的找茬鬼责怪一个6岁的女孩乱伦，并且永远不会原谅她。杀手型找茬鬼憎恨我们。这有时可以通过下面的表达方式辨别出来：

他被诅咒了。

她的基因很差。

他是个坏种。

他/她一无是处。

我希望他死了。

她只是个躯壳，腹中草莽。

他无可救药了，绝对无可救药了。

　　我们童年时遭受的虐待越严重，我们就越有可能有着一个杀手型找茬鬼。有一个重点值得反复强调：**我们完全有可能发现、远离并改变杀手型找茬鬼。只是需要多花点功夫。**我们在这里解决的是辱骂型找茬鬼，它不停地辱骂，不断摧毁内在小孩，不断点燃内在的羞耻感。如果心里有一个强大的找茬鬼，尤其是一个杀手型找茬鬼，摆脱羞耻感，找回内在小孩会更加困难。

　　简的找茬鬼很有意思，它把一切罪责都归咎于简。我们可以感受到它对与简的父亲有关的经历感到深深的羞愧、屈辱和愤怒。它觉得自己的生活被毁得彻彻底底。由于简没有形成觉知自我，也没有与找茬鬼分离，它只能以这种方式表达自己。简的内在经受着这样的攻击，她要怎么才能过上有创造力的生活呢？她不能。她怎么才能在亲密关系中感到满足呢？答案还是她不能。

　　觉知自我出现后，我们就能够听到找茬鬼的声音了。我们可以听到找茬鬼的攻击，可以感觉到绝望的能量。起初，我们只能辨认出找茬鬼的声音，随着时间的推移，觉知自我越来越强大，我们可以做出改变。最终，我们可以看到深藏在找茬鬼之下的痛苦、羞辱、焦虑和脆弱，并成为找茬鬼的父母。想到成为找茬鬼的父母是很奇怪，对找茬鬼来说更是如此。然而，这是我们必须经历的过程。（更多关于如何做找茬鬼的父母的内容，请见第十七章。）

杀手型找茬鬼的危险之处

杀手型找茬鬼会导致严重的抑郁，会让我们有自杀的想法，甚至真的做出自杀的行为。许多年前，我（哈尔）见过一个有着杀手型找茬鬼的男人。那时心音对话工作刚刚开始。我建议他在家里写日记，写自己和找茬鬼之间的故事。现在如果再遇到类似的情况，我不会这么建议了，因为现在我们知道，杀手型找茬鬼太强大了，不能使用这种方法。几天后，这个人来了，他说治疗当晚，也就是写日记的那天晚上，他做了一个梦。他梦见了一颗黑色的心滴着黑色的血。这就是杀手型找茬鬼对我们做的事。它会导致严重的抑郁。

严重的抑郁通常都有杀手型找茬鬼的身影。被杀手型找茬鬼攻击的人一般都无法处理人际关系，无法好好工作和生活。他们的人际关系深受影响，因为如果大部分时间里我们体内都进行着这种程度的攻击，我们是无法与他人建立联系的。因此，杀手型找茬鬼工作时，支持小组的存在非常重要，因为在此时，人们往往会感到孤独，支持小组提供了非常必要的人际互动。杀手型找茬鬼工作时，适当的治疗或抗抑郁药物也是很有必要的。

什么因素导致了杀手型找茬鬼的出现，并支持着它？

很多不同的人生经历都会导致强大的找茬鬼的形成，特别是杀手型找茬鬼。现在让我们来看看其中的一些因素。

1. 正如我们在前一章所说，辱骂型父母会导致辱骂型找茬鬼的形成。但也有一些父母，他们中的一方或双方，从未想过抚养孩子；或者，在某些情况下，他们想要堕胎，却没有成功；或者他们只是在孩子出生后，因抚养孩子的超多要求而不知所措。他们无法满足这些要求，这给他们带来了很大压力，他们感觉非常焦虑。可以预料的是，这些不堪重负的父母会把所有的困难都归咎于孩子，他们希望孩子从未出生过。他们很可能会把这些告诉孩子。他们会说：

如果没有你，一切都会很顺利。

我从一开始就不想要你。

有时我真希望你从未出生过。

在你出生前，我有自己的生活。

有时父母会朝着完全相反的心理方向转变。例如，一位不知所措的年轻母亲可能会转变为一位负责任的母亲，她压抑了讨厌孩子、不想抚养孩子的那部分自我。这种隐藏着的、真实的态度，加上养育这种孩子所伴随着的行为和情感，自然而然地喂养着找茬鬼，使它不断长大，成长为杀手型找茬鬼。

2.我们经常发现，童年时期经历的严重的身体虐待或性虐待导致了杀手型找茬鬼的形成。与简的找茬鬼的对话证实了这一点，对话解释了杀手型找茬鬼的形成与家人的性虐待有着怎样的关系。在这些情况下，喂养找茬鬼的是长期的沉默与随之而来的羞愧和内疚。**保密和沉默的时间越长，找茬鬼就会变得越强大。**

3.借由沉默和退缩而进行的虐待对年轻人来说也是毁灭性的，杀手型找茬鬼在这种环境中也会茁壮成长。有些人非常擅长用沉默和退缩进行惩罚，这也为找茬鬼的成长创造了肥沃的土壤。

4.整体觉察能力的缺乏支持着找茬鬼，维系着它的力量。找茬鬼在沉默中茁壮成长，我们没有意识到它是一个独立的自我，而它一直在工作着。我们所做的一切提高觉察能力的努力——心理治疗、自助或觉知练习——在某种程度上都会帮助我们平衡找茬鬼的能量。

5.有些人小时候上的是寄宿学校或某些宗教学校，我们经常和他们的找茬鬼交谈。他们在成长过程中经历了太多痛苦，因此，他们的心音对话都不甚愉快。在这些环境中，某些人成为老师和同学的替罪羊，在他们后来的生活中，杀手型找茬鬼又以非常权威的口吻，让他们继续成为替罪羊。

被否认的本能能量

在杀手型找茬鬼形成的过程中，我们考虑的最后一个因素是被否认的本能能量。我们每个人自出生起都有某些特定的情感和行为。这是遗传倾向的一部分，让我们以特定的方式行动，我们称之为心理本能。有些本能本质上是身体的本能，比如饥饿、口渴和性欲；还有的本能介于生理本能和心理本能之间，比如，我们为了满足自己的需求而表现出攻击性。完全属于心理本能的应该是养育子女的能力或更高的智慧。

想象一下，一个孩子成长在这样一个家庭中，他不能表现出带有攻击性的行为，连想都不能想。那么他的愤怒去哪儿了？他的攻击冲动去哪儿了？归根结底，它们是能量，而能量不会凭空消失。阻塞的攻击性能量进入了无意识层面，变成了被否认的能量系统。这些负面能量积累到一定程度时，我们给它们起了一个特殊名字：恶魔能量（daemonic energy）。它们成为恶魔能量，而不仅仅是被否认的本能能量了。我们使用这个名称，是为了指出这些能量已经以某种特殊的方式发生改变。它们现在很不友好而且具有破坏性。自然的攻击本能变成了毁灭性的进攻行为，自然的性欲变成了破坏性的性行为。

我们在《拥抱我们的自我》一书中，讲述了一个四十多岁男人的梦。这是一个崇尚灵性的人，他梦见自己正努力给软了的阴茎洗冷水澡。阴茎代表了他的性欲，在正常状态下它没有软，也没有失控。然而几十年来，他放弃了本能能量，扭曲了他正常的性需求。这些能量变得失衡，力量也越来越强，很快它们就失去了控制——就像喝醉了酒一样。他需要越来越努力才能控制住他的性能量。它们已经变成恶魔，现在真的对他的生活构成了威胁。

对于主要的父母式自我人格来说，这些感觉似乎越来越危险，我们必须用更多的能量才能让它们一直停留在无意识中。然而，那些被否认的，可能是恶魔的能量也希望得到救赎。它们渴望重新加入自我的大家庭。它们会在我们的梦中出现。它们是追赶我们的坏人，是试图闯入我们房子的罪犯，是想要强奸我们的问题青年，是恐吓我们的怪物，是在我们的梦境画布上徘徊的野生动物。

然后发生了一件非常有趣的事情，这件事情发生在很早的阶段。这些强大的感觉和情绪，被阻止进入外面的世界后就转移到了另一条轨道上。起初它们是在攻击的轨道上，如果它们可以在这里运行，它们会成为我们力量的一部分。然而，它们溢出到了另一条轨道，它们来到了找茬鬼的轨道，这些被否认的攻击性和情绪能量，它们的所有力量，都进入了找茬鬼。

有了这些恶魔能量，找茬鬼能够轻而易举地升级为杀手型找茬鬼也就不足为奇了。杀手型找茬鬼攻击我们的时候听起来像个彻头彻尾的恶魔。"我讨厌她！我鄙视她！我厌恶她的一切！她太弱了，真可怜！"这些恶魔般的愤怒和指责，大部分都是那些被否认的本能能量。

因此，疗愈和给杀手型找茬鬼减肥的过程中，有一个重要的部分，就是我们必须与本能能量连接，学会在生活中使用我们的攻击性和力量。未经整合的力量会像大餐一样供养找茬鬼。解决找茬鬼的问题最终促使我们收回这些力量。当然找茬鬼也不会轻易放弃。

杀手型找茬鬼和心理治疗

杀手型找茬鬼可能需要特殊的帮助。许多自助项目都很有助益，它们为人们提供支持、指导和治疗的团体。自助项目可以是任何一个采用"十二步疗法（Twelve-Step program）"的组织，比如嗜酒者互诫协会（A.A.）、嗜酒者家庭互助会（A.C.A.）、匿名戒食协会（O.A.）、匿名戒酒亲友会（Al-anon）和共存依赖互助会（CODA）。这些项目的精神基础，加上它们为人们提供的团体意识，可以为那些正在与强大的找茬鬼斗争的人们提供强有力的支持。

有时候心理治疗也是必要的，我们强烈建议你在必要的时候寻求这类帮助。**要使用所有方法来摆脱找茬鬼的控制，这一点很重要。**找一个了解找茬鬼这个领域的人带着你，这可能也会对你有很大帮助。

第十章
找茬鬼在女性和男性之间的差异

对女性来说，内在男家长（Inner Patriarch）是个强有力的原型，是她们的找茬鬼强大的盟友。内在男家长和找茬鬼的协同作用使得女性的找茬鬼一般比男性的更强大。我们如此熟悉内在男家长的声音，它像疯狂电台一样，一直在播放，直到30年前女权主义者发表了作品，人们才注意到它。内在男家长是外在的社会信仰中，女性低人一等的内在呈现，它重复着我们文化中普遍存在的对女性的所有评判。它起源于《圣经》，这让它有着绝对真理的光环和不容置疑的权威。

我们与找茬鬼合作多年，我们发现，在不同性别的人身上遇到的找茬鬼区别很大。本章不打算对这些差异进行科学上的研究，也不打算说明它们的决定因素——是由生理决定的还是由环境决定的。我们想要总结一下这些在不同文化中始终存在的差异。

女性找茬鬼的力量和男性找茬鬼的力量

男女之间找茬鬼的主要区别微妙却惊人，达斯汀·霍夫曼（Dustin Hoffman）主演的电影《窈窕淑男》（*Tootsie*）中的一个场景展示了这种区别。在这一场戏中，霍夫曼扮演了一个女人。他走过一面镜子，下意识地看了看自己，然后仔细又不动声色地，调整了一下腰带，让自己看起来更漂亮。这个简单的动作说明了一切！之前在电影中，达斯汀·霍夫曼扮演一个男人。他并不在意自己的外表，对于衣着举止随心所欲，似乎从不在乎别人对自己的印象。他相信自己会因为他是谁，而不是他的长相而被接受。他觉得很舒服。他扮演男人时，我们从没见过他照镜子，可能刮胡子除外。而当他扮演一个女人时，这一切都发生了变化。很明显，当他是男人的时候，他没有受到找茬鬼的攻击。而成为女人之后，她被攻击了！

对我们来说，这个场景展现了我们所观察到的男性和女性的找茬鬼之间最显著的差异。**女性的找茬鬼几乎总是比男性的更强大，更执着。从历史上看，这种差异似乎是数千年**

来父权制思想的产物。这种重男轻女的观点认为女人不如男人。在本章的后面，我们将进一步探讨这种信仰体系是如何强化女性找茬鬼的力量的。

找茬鬼VS审判官

在成长过程中，我们要么培养一个强大的找茬鬼来评判我们，要么培养一个强大的审判官来评判这个世界。它们是一枚硬币的两面。从历史上看，女性将找茬鬼发展为主要自我，男性则将其发展为审判官。尽管在世界的某些地区并非如此，而且随着女性角色的改变，这个情况也有所改变，但我们仍然认为这是女性和男性之间的一个主要差异。

在女性的记忆中，她们的父亲往往喜欢批判别人，而不是批评自己。有时，他们会说出这些批判，有时，这些批判是无声的标志——比如神色异样，或者不理不睬。当你是一个爱批判的父亲（或母亲）的女儿时，你可能会发展出一个强大的找茬鬼。

如果父母的评判非常含蓄，你可能甚至不认为它们会影响到你。例如，唐的父亲从来没有直接对她说过任何负面的话，但他是一个非常爱评判的人，会在唐面前评判别人。他会称赞唐与他们不同。比如，他会评判别人懒惰，表扬她勤奋。随着年龄的增长，唐形成了一个强大的找茬鬼，它仔细地观察唐，确保她永远不会像她父亲所评判的那些人一样！

找茬鬼评判内容的差异

与男性的找茬鬼不同，女性的找茬鬼似乎更想要"提升"女人的外表或行为，这样她才会被别人接受。它往往也比男性的找茬鬼更多地关注外表。再说一次，《窈窕淑男》中的场景是对这一点的精准描绘。

男性的找茬鬼鲜少关注体重。这根本不是问题，除非他的体重引起了一些健康问题，让他担心。同样，女性的找茬鬼鲜少**不**关注体重。对女性来说，体重几乎总是问题！在衰老的问题上也存在类似的不同。过去，女性的找茬鬼一直在为身体上衰老的迹象而担忧，而男性的找茬鬼则不一定认为这是一个问题。会说话的镜子不断地指出女人脸上的皱纹，对男性则不然。

找茬鬼对女性外貌如此重视，有些极端，我们在这本书中列举了许多关于外貌的例子。媒体和广告宣传活动让女性知道自己有什么问题，或者鼓动她们将自己与其他更漂亮、更自信、更年轻的女性进行比较，它们通过这些方式支持了已经很强大的找茬鬼。这些方法可以销售产品，却也加强了找茬鬼对女性外貌的重视。

关于性

我们发现，在男性和女性的找茬鬼所评判的内容中，最有趣的对比之一是对性的看法。男性的找茬鬼会担心他的表现和性能力，而女性的找茬鬼担心的则是外表和感情。

因此，在性这方面，女性的找茬鬼关注的是她的外表和她获得爱的能力。如果她的爱人和另一个女人在一起，她的找茬鬼想要知道："她比我更有魅力吗？""他更爱她吗？"她的找茬鬼希望她是他最爱的人。

而男性的找茬鬼则更担心他的表现。如果他的爱人和另一个男人在一起，他的找茬鬼想要知道，"他的性能力更强吗？""她更喜欢他的表现吗？"找茬鬼希望男性在性方面表现良好，可以满足他的女人。

近年来，人们告诉女性，她们可以享受性，从性中体验巨大的快感。随着这种说法，找茬鬼变成了攀比鬼，它开始批评女性高潮的质量和频率。然而，它并不一定关心她们在性行为中的表现和对他人的影响。它所关心的是实现目标，它们觉得自己和那些可以享受性生活的女性是平等的。这里的目标是一次高质量的高潮。女性的找茬鬼一般不会怀疑她是否满足了她的伴侣。这对女性来说不是问题，就像体重对男性不是问题一样。

对找茬鬼攻击的反应：沉默vs寻求情感支持

我们发现，男性和女性对找茬鬼攻击的应对方式不太相同。男性和女性都会因为找茬鬼而感到脆弱。男性会否认这种脆弱，否认他们在乎别人的想法。他们可能会隐隐感觉到，但他们不会深究。然后他们就不再与他人接触。女性则更有可能去寻求安慰，与他人联系，来减轻找茬鬼攻击所带来的孤独和痛苦。简而言之，**在面对找茬鬼攻击时，男性会退缩，而女性会寻求情感支持。**

让我们将它们放在典型的交互情景中看一看。马尔夫今天工作不顺。在他开车回家的路上，找茬鬼毫不留情地攻击了他，回顾了他犯的所有错误，告诉他，老板可能认为他是一个无可救药的白痴。马尔夫感觉很糟糕，他很担心其他人对他的看法，但他否认这些感觉，并把它们深埋在了心里。像许多人一样，当他无法忍受找茬鬼攻击的痛苦时，他退缩了，把自己孤立起来。他终于回到了家，这时，他变得沉默寡言。他简单地打了个招呼，拿起报纸，走进小房间看电视。他避开他的妻子玛丽安和孩子。她们有点被抛弃的感觉，觉得有点受伤，但她们很快就聚在一起，表现得好像什么都没发生过一样，留下了马尔夫、找茬鬼和电视。马尔夫感到孤独和痛苦。

玛丽安受过良好的训练，一旦她的关系出了问题，她就会承担责任。女性为关系中的问题承担全部责任是很常见的，找茬鬼也支持这一点。尽管玛丽安继续像往常一样进行晚间活动，但她觉得自己很脆弱，因为马尔夫在回避她。找茬鬼开始在她的心里工作，而她并不知道。找茬鬼怀疑她做错了什么，让马尔夫不爽，因而沉默。玛丽安开始感到不安和内疚。她相信一定是自己做错了什么，她的找茬鬼忙着回顾过去24小时中发生的事情，想要找出她的错误。也许是今天早上，马尔夫想要聊聊他今天要参加的重要会议时，她没有展现出足够的兴趣；也许是因为她昨晚熬夜看书，而他可能想要发生关系，他生气了；等等。找茬鬼能想出很多有创意的理由来解释为什么别人对我们生气！

在面对找茬鬼的这种攻击时，如果玛丽安感到非常内疚，马尔夫肯定会把目光转向问题的另一面，开始评判玛丽安。他的审判官会非常高兴地同意玛丽安的找茬鬼：自己心情不好都是玛丽安的错！他因此从找茬鬼的攻击中解脱出来。他放下了自己的羞耻感，从找茬鬼变成了审判官，现在他知道自己的坏情绪都源于玛丽安的错，不是他的错。

面对找茬鬼的攻击，玛丽安像大多数女性一样，希望能够寻求关注和支持，而不是远离别人。她需要情感支持而不是把自己孤立起来。首先，她试着和马尔夫联系，确信他仍然爱着她。如果这不起作用（很有可能不起作用），她可能会转向她的孩子，或是与朋友聊天。在和朋友聊天时，她可能会回顾晚上发生的事情，朋友们要向她保证，她没有做错任何事。她会和朋友们一起，反驳找茬鬼的指责。如果成功了，她会觉得舒服多了。她得到了想要的支持，她向找茬鬼证明了，她不是一个坏人。在朋友们的支持下，她可能会从找茬鬼变成审判官，就像马尔夫那样，她会把一切都归咎于马尔夫，"因为他一直都喜怒无常，难以相处。"

这是日常发生的事，不代表着病态的关系。我们可以看到，马尔夫和玛丽安都被他们内心的找茬鬼深深伤害着，他们无法伸出援手，互相帮助。他们之间的关系不能支持、滋养他们。如果马尔夫觉察到了找茬鬼的行为，他可能会说，"我正在经受找茬鬼的攻击，跟你没有关系。我的工作中发生了一些事情，我只需要你爱我，关注我。"如果玛丽安的找茬鬼没有那么快就将发生的事情归咎于她，她可以去找马尔夫，去安慰他。

找茬鬼想要把关系中出现的所有问题都归咎于玛丽安，这是几千年来父权制思想的产物之一。现在让我们继续深入，看看我们文化中的父权制对女性心中找茬鬼的影响。

父权制和女性心中的找茬鬼

在形成重量级的找茬鬼方面，女性有着明显的优势。数千年的父权制生活让女性认为自己不如男性，无论她们多么努力，她们就是不如男性。她们能想到的最好结果就是变得像个男人——以男性为榜样，改变女性本能的行为。在她努力变成别人而不是自己的过程中，找茬鬼扮演了非常重要的角色。毕竟，找出并纠正她的问题，是找茬鬼的责任。

就像广告上说的："宝贝，你已经走了很长一段路了。"女性的角色和社会对女性的看法已经发生了很大变化。但是五千年的遗产不会在一夜之间凭空消失。即使是独立生活、与男性平起平坐的女性，内心深处往往也潜藏着一位内在男家长，与现实中的外在男家长相呼应。内在男家长是最强大的原型，它是大多数女性找茬鬼的强大同盟。

自夏娃以来

《旧约》的第一卷中明确地说明了女性是弱者，是第一个罪人，是让男人堕落并被逐出伊甸园的罪魁祸首。因为夏娃的恶行，女性永远被上帝诅咒，上帝曾对女人说："我必多多加增你怀胎的苦楚；你生产儿女必多受苦楚。你必恋慕你丈夫，你丈夫必管辖你。"（《圣经》新译本，《创世纪》第三章第16节）。

是那个女人，夏娃，吃了智慧树的苹果，因为她，亚当和所有男人都受到了诅咒。上帝又对亚当说："**你既听从妻子的话，吃了我所吩咐你不可吃的那树上的果子，地就必为你的缘故受咒诅。你必终身劳苦，才能从地里得吃的。地必给你长出荆棘和蒺藜来；你也要吃田间的菜蔬。你必汗流满面才得糊口，直到你归了土……**"（《圣经》新译本，《创世纪》第三章第17—19节）这让女人不仅成为自己痛苦的根源，也成为男人痛苦的根源。

不管你怎么解读，不管你有多么虔诚，如果你是一个在西方世界长大的女人，这就是你认知的一部分。这种原型深植于你的内心，这是件丢脸的事情，找茬鬼必须帮助你清除它。都是你的错！

你还会注意到这个诅咒在两个主要方面欺骗了女性。这两方面都剥夺了她为自己感到骄傲的能力和信任自己的能力，这给了找茬鬼更多焦虑的理由。首先，上帝自己说过，她的丈夫必须管辖她。他似乎比她有更好的判断力，尽管他也吃了苹果。第二，她有一项特殊的天赋，她能够生育孩子，这项能力被诅咒了，她知道自己必须在悲伤，而不是快乐中生孩子。这些都有助于增加女性找茬鬼的分量。

由于我们大多数人都是在宗教环境中长大的，这种环境融入了古代《圣经》的信仰和传统，可以想见，不管我们是否意识到，这些传统都对我们现在的信仰和价值观有着重大的影响。作为一名犹太女性，当我（西德拉）的小女儿告诉我，在她所在的希伯来学校里，男生每天早上都要做下面的祷告时，我感到非常震惊。这篇祈祷文来自一本现行的祈祷书。

耶和华我们的神，全宇宙的王啊，你是有福的，因为你没有使我成为外邦人。

耶和华我们的神，全宇宙的王啊，你是应当称颂的，因为你没有使我作奴仆。

耶和华我们的神，全宇宙的王啊，你是应当称颂的，因为你没有把我变成女人。（原文斜体）

这是一幅很生动的画面，描绘了女性在生活中所处的弱势地位。还需要我们多说吗？

内在男家长

我们所说的内在男家长指的是什么？指的是每个人，无论男女，心中都有一个声音，在以父权的方式看待生活。总的来说，内在男家长重视所有传统意义上男性化的东西，贬低所有传统意义上女性化的东西。它认为男性比女性好。就是这样！

内在男家长已经清楚地划定了性别角色，这让女性处于劣势地位。这确实让她们受到了保护，但在男家长眼中，女性并未得到充分的进化，不能与男性享有同样的权利；如果获得了这些权利，她也不能恰当地行使这些权利。过去，在我们的社会中，妇女被认为是她的丈夫（或父亲或兄弟）的财产，她不允许拥有财产，也不能以任何方式独立行事。到了20世纪，妇女才获得了选举权。在美国，我们仍然无法通过《平等权利修正案》，即使这个法案只是让妇女享有同工同酬的权利而已。

对女性来说，内在男家长是个强有力的原型，是她们的找茬鬼强大的盟友。内在男家长和找茬鬼的协同作用使得女性的找茬鬼一般比男性的更强大。我们如此熟悉内在男家长的声音，它像疯狂电台一样，一直在播放，直到30年前女权主义者发表了作品，人们才注意到它。内在男家长是外在的社会信仰中，女性低人一等的内在呈现，它重复着我们文化中普遍存在的对女性的所有评判。它起源于《圣经》，这让它有着绝对真理的光环和不容置疑的权威。

许多女权主义作家把注意力放在了外在家长身上，他们是那些在我们的文化中，承载着父权价值观、贬低女性和所有女性气质事物的人和机构。这些作家深刻地改变了人们的意识。经过检验，古老的"真理"被证实是无效的。事实证明，女性能够推理，能够成功地获得高等学位，能够谋生，能够在男性的世界里"出人头地"。她们进入了对上一代女性不曾开放的领域。女权主义者还注意到这样一个事实，女性本能的活动，比如照顾家庭、生儿育女被认为是低级的活动。她们质疑这个社会崇尚竞争（代表父系社会）而不是合作（代表母系社会）的基本价值观。

女权主义学者和作家为女性提出了一个新的、令人兴奋的知识体系。她们挑战现在的价值体系，在许多领域中改变了父权制。但她们没有发现，在人们心里还有一个敌人。**大多数女性的心中都有一个内在男家长，它认为自己确实低人一等，需要不断监督才能保持得体的行为！它深深地蔑视自己的女性身份，甚至是以身为女性而感到耻辱。**这种父权制与女性的找茬鬼相结合，造成了巨大的双重打击。

那些摆脱了父权制束缚的女性怎么样了呢？一些女性已经完全融入了男性的价值观，在男性主导的世界中取得了成功。在她们之中，有些人的内在男家长以一种有趣的形式出现了：她们觉得自己很好，跟传统的女性相比，自己更优越。她们轻视家庭主妇和全职妈妈，认为她们的选择低人一等。她们就这样，扮演着男家长的角色，做出男权的判断，一点也没有意识到自己实际上已经加入了令人厌恶的敌人阵营！

外在敌人比内在敌人更容易对付。对女性来说，重要的是要知道，内在男家长在她们心中，父权也不仅仅是外在的敌人。对许多女性来说，这是个惊人的发现。她们一直忙于外部斗争，这些斗争非常重要，然而她们没有关注自己的内心。正如波戈（Pogo）[1]所说："我们遇见了敌人，它就是我们自己。"

这个"敌人"长什么样？内在男家长知道，在这个世界上，你永远都不会仅仅因为你是一个女人而获得成功。这让找茬鬼的工作更加困难，这也增加了它潜在的焦虑。你不仅有很多人类与生俱来的缺点，而且你还是个女人！找茬鬼可

1　连环漫画《波戈》中的人物。

能认为，在这个世界上，你成功的唯一途径就是让你变得不那么女人，因此他们会警惕一切"女性化"的本能冲动，并尽力将它消除。最好的消息是，你的找茬鬼要干很多活。

内在男家长对女性说了什么？

在荷兰的时候，我遇到了内在男家长。那是一次大型工作坊，我（西德拉）带领着其中一个女性团体。刚一开始，我就觉得有些不对劲，非常不对劲。这些女人几分钟前还兴致勃勃，激动不已，现在却沉默了，甚至还有点闷闷不乐。我突然觉得自己好像坐在一群评头论足的男人中间。我问她们不开心是不是因为这里只有女人。答案是肯定的。这个团体中的女性认为，一个只有女性成员的团体是不可能做出任何重要的东西的；她们认为如果一个女性（西德拉）认为自己或其他女性要说的事情很重要，她就太自以为是了。接着，那些女性的内在男家长做了发言，借此机会发表了他们对女性的看法。

和荷兰女性一样，女性应该停下脚步，听听她们的内在男家长是怎么说的，这很重要。很多下面的叙述都深深植根于我们的文化中，对你而言，这些可能是平凡的日常真理。让我们看看内在男家长的评论，这些评论摘自我们多年来所听到的心音对话。下面的记录中，涉及很多女性的内在男家长，这些女性在专业岗位上，拥有很大权力和影响力。内在男家长却不在乎这些。

女性不应该在任何权力岗位上任职，这违反了事物的自然规律。

她是个女人，不会有什么出息的。她还会对事情抱有期待，真可笑。总的来说，她不努力会更幸福。

真可惜她是个女人。如果她是男人，就可以更好地利用她的大脑（或体力、运动能力、常识、天生的进取心等等）。

就算她发展了她的自然力量，在事业上有所成就，可她还是个女人。她不能回避这一点。

这个星球要崩溃了，因为女性正在抛弃她们天生的角色。

一个女人最好的出路就是找个好老公，安定下来。

我讨厌和女人一起工作。我更喜欢和男人一起共事。

女人就是刻薄又唠叨。她们有太多抱怨了。

女人不要再假装自己是男人了。她们应该待在家里，相夫教子，别再奢求更多了。

女性的荷尔蒙失衡使她们不适合承担任何重大责任。

坦白地说，我认为女性的职责就是找一个有钱的丈夫，这样，父母老了以后，她才能照顾他们。

女人太情绪化了，总是反应过度。

女人是没有逻辑的。

女人数学能力不行。

女性缺乏专注力。

女人没有真正的价值观，她们很无聊。

我受不了女人们聊天，没什么营养。

总的来说，女人比男人弱。

她们只要爽了，就会闭嘴了。

女人是不负责任的，在重要的事情上不能相信她们。

你永远无法真正了解一个女人。

我是个思考者。女人不能清醒地思考，她们只是假装自己可以。

女人太黏人了。

我不想要小孩，那是给女人的！

女人判断力很差，容易被骗。

基本上，她们只擅长性这一件事。

一旦一个女人不再有吸引力，不再能做爱，基本上她就一文不值了。

能够识别内在男家长有多重要

一个女人心里有这样的声音，她却不知道，这着实令人感到惊讶。我们看到女性在生活中一次又一次地被外部族长责难，她们要么成为受害者，要么成为叛逆的女儿。这样的战争持续了一年又一年，直到她们最终认识到问题既出在外部，也出在内部。还有一点非常重要，这种父权的声音既可以出现在权威男性身上，也可以出现在权威女性身上，而女性都可能是他们的受害者。

与外部家长的战斗再多，也无法弥补内在男家长所造成的伤害。是时候把注意力转向内心，跟你的内在男家长打交道了。毕竟，如果内在男家长根本不认同外界对你的批评，那么它们对你的影响就微乎其微。如果你的找茬鬼不因你是女人而害怕你低人一等，那么其他人的评判就没什么影响。

作为一名女性，如果你开始倾听内在男家长，你会发现是它的话让我们产生了根深蒂固的羞耻感，这种羞耻感似乎没有什么特别的来由。在我们的文化中，做女人是一种耻辱。与内在男家长分离后，你会看到它的改变。在某些时候，内在男家长可能会在你的生活中扮演更积极的角色，用它的男性力量从内部支持你。你会听到它深切地关注着你的幸福，和你在这个父权社会中所面临的问题，这些他再清楚不过了。

内在女家长和找茬鬼

许多男性都提到，不只是女性的找茬鬼有原型盟友。男性的内心中往往也住着一个爱评判的女家长，它和找茬鬼一起工作，它鄙视他们，只因他们是男人。我们发现，这种情况更容易发生在年轻的男性身上，女家长的破坏力一般没有男家长那么大。女家长的声音已经沉默（或者至少是隐藏）了好几个世纪，在我们的主流文化中，它们远没有那么致命。然而，在一些地区，女家长的声音再次出现，她们的存在比过去变得更加普遍。在女性环境中长大的男人，很少或根本没有男性化的输入，他们心中往往有一个内在的女家长，因为他们是男人，单凭这一点，它就不喜欢他们，并轻蔑地评判他们。下面是我们听到的一些女家长的评论：

男人是不可能做到的。

哦，你知道的，男人骨子里都是婴儿！

男人要对当今这个混乱的世界负责。

男人都太好斗了。

你不能和男人说话。

他们想要的只是性。

如果不是因为需要生孩子，我会很高兴这个世界没有男人。女人们更有爱心。

我真的不喜欢男人，我更喜欢女人。

男人只是种马，仅此而已。

男人的问题在于他们太理性，他们从不了解自己的感情，他们不值得信任。

一个真正恶毒的女家长和男家长一样具有破坏性，必须与之分离。在解决找茬鬼的问题时，要把这些根深蒂固的毒瘤从我们的体系中清除，这很重要。否则，男家长和女家长会继续为找茬鬼提供燃料和力量，使你的分离工作变得更加困难。

削弱内在男家长和内在女家长的力量

在我们的文化中，内在男家长和内在女家长是受到支持的，与它们分离会带给我们极度的自由。**与它们分离意味着听到它们的话，并意识到它们所代表的那些自我有自己的观点，但不一定是终极真理。**如果你听到邻居的找茬鬼批评她有相互矛盾的"罪"，比如太普通或太特别，太激进或太被动，那么你很容易发现，你的找茬鬼对你的批评是不切实际的。但是，当每个人的内在男家长都或多或少与其他人的内在男家长观点一致时，你就无法用外部参考来检验了。这就是为什么我们写了本章和后面的练习。本章的内容会为你提供一个外部参考。

削弱这些原型的声音可以缩小找茬鬼的尺寸，削弱找茬鬼的力量，让它更容易被管理。对付势不可挡的敌人，有一个古老的传统：各个击破。因此，当我们与内在男家长或者内在女家长分离，觉知自我就可以分别处理找茬鬼和家长的能量，不需要与它们同时交手。

● 你的内在男家长说了什么？

明白内在男家长或女家长是如何帮助找茬鬼的，了解它在你所在的文化和你个人生活中的根源，会给你提供重要的信息，并让你能够客观地处理它的话。

1.你的内在男家长说了什么？

读完这一章后，看看你能否调到内在男家长的频道，听听它的声音。写下它对女性的负面评价。以"女人是……"开头，可以与你在本章读到过的话重复，如果这些评价很耳熟。在写下的内容旁边留一些空白，方便做批注。

2.你的内在女家长说了什么？

调频到内在女家长的频道，听听它的声音。写下它对男性的负面评价，以"男人是……"开头。在写下的内容旁边留一些空白，方便做批注。

3.现在，在每条评价旁边，写下它的来源。例如，这是你父母过去常说的话吗？你是听老师说的吗？还是听导师、老板、兄弟姐妹说的？如果你无法明确一个特定的来源，就写"文化"。这将会提示你关于这些评价在你生活中的源头。

4.现在你已经开始倾听内在男家长的声音，你已经与之分离。看看它的评价。记住，即使一条评价被你社区里所有人认同，"它也不一定是正确的"。有些人知道内在男家长的存在，与他们交流，对于帮助你与内在男家长分离也会有一定的帮助。阅读一些女权主义者（或那些尝试提高男性意识的男作家）的作品，能够帮助你与内在男家长（或女家长）原型所持有的那些神圣观念分离。

THREE
THE INNER CRITIC AND RELATIONSHIP

第三部分

找茬鬼
与关系

第十一章
找茬鬼——关系的产物

"别人会怎么想？"这是找茬鬼最常问的一个问题。你可能已经注意到了，找茬鬼总是在观察别人，通过别人来决定自己应该成为什么样的人。没有深刻的内省，没有向内探寻，作为一个独立的人，什么对你是重要的。找茬鬼最关心的是你给别人留下的印象。

找茬鬼是一个关系产物，一个完全以人际为中心的自我。它从我们与他人的关系中形成。正如我们在第一章中所写到的，找茬鬼从我们的父母那里学到了很多，并且始终对我们的人际关系保持警惕。它似乎是通过我们周围人的眼睛来观察我们，特别在意我们的行为对他人的影响。

"别人会怎么想？"

"别人会怎么想？"这是找茬鬼最常问的一个问题。你可能已经注意到了，找茬鬼总是在观察别人，通过别人来决定自己应该成为什么样的人。没有深刻的内省，没有向内探寻，作为一个独立的人，什么对你是重要的。找茬鬼最关心的是你给别人留下的印象。

这一切的背后，是找茬鬼通常害怕不被爱，害怕被抛弃，它很无助。它想要确定，别人会认可你，爱你，在你需要的时候出现在你身边。也许，找茬鬼对权力和他人的赞赏的兴趣大过它对爱的兴趣。它希望人们因为你的强大、风趣、聪慧而被你吸引，你永远不用担心会感到孤独和无助。

"别人会怎么想？"你的父母经常会问这个问题，或大声或含蓄。他们希望你举止得体，考虑自己行为的后果。这是为了他们，也是为了你自己。毕竟，你的行为直接反映了你父母的表现，他们有没有好好抚养你。如果你是一个好人或一个成功的人，你就为他们带来荣耀。如果你是一个坏人或一个失败的人，他们就会被指责。所以你不仅背负着要被别人接纳的自我需求，也背负着你父母的感受。这对你的找茬鬼来说是一项相当艰巨的任务。

关心别人会怎么想，不仅包括人，还包括神。对于我们这些更具宗教背景的人来说，按照神的旨意行事是极其重要的。找茬鬼的任务是确保我们按照正确的方式生活，这样我们就会与上帝保持良好的关系。找茬鬼必须指出我们在哪些方面还未能实现这一目标。

我们发现人们想要过上宗教意义上正确的生活，并与神保持良好的关系，主要出于三个原因。首先，很多人认为这就是正确的生活方式。那些规则很明确，而我们需要做的就是遵守规则。如果这是我们的方法，那么找茬鬼会支持我们过上这种正确的生活，它将我们的注意力集中在我们未按规则生活的所有方面。它希望帮助我们行走在正确的道路上。第二，我们许多人都深深地爱着神，需要随时与神性保持连接。如果不这样做，我们就会感到不可弥补的损失和生命意义的缺失。在这种动机之下，找茬鬼通常并不活跃。然而，如果找茬鬼活跃起来，它会攻击我们没有遵循计划，没有与神性保持连接（例如定期祈祷或冥想）。它告诉我们，我们应该知道，不能忽略修行。第三，是关于来世。许多找茬鬼担负着让我们与神保持良好关系的重任，这样当最后的审判来临时，我们就不会被发现不够好。令人惊讶的是，我们经常发现找茬鬼非常关心我们能否进入天堂，即使那些在年轻时就拒绝了传统宗教教育和实践的人也是这样。

下面这段与米莉的找茬鬼的心音对话，令人大跌眼镜，有力地表达了它很关注其他人和上帝会怎么想。

引导者：我们已经和你谈了一会儿了，很明显，对你来说，米莉是个好人这一点非常重要。她不是好人的时候，你好像很难过。

找茬鬼：是的。她应该是个好人的。我不知道这有什么好谈的。我一点也不喜欢她不好的时候，甚至是她有不好的想法的时候。她的父母都是好人，也没有坏想法，他们想把她培养成一个好女孩。他们做了他们所能做的一切，他们为米莉树立了一个很好的榜样。他们不是伪君子！

引导者：我想知道还有什么是你特别担心的。（找茬鬼已经告诉引导者，米莉的家人非常虔诚，引导者想知道找茬鬼是不是在担心米莉死后会发生什么。）

找茬鬼：我不想让任何人说她父母的坏话。我一直努力让他们为她感到骄傲，这样他们就会觉得自己很好。我跟你说，他们真的非常努力。他们值得为自己感到骄傲。

引导者：我知道。但我有一种感觉，你的内心深处还有别的东西。它是什么？

找茬鬼（开始哭了）：我想让米莉上天堂，这是肯定的，但我真正担心的是，如果米莉变坏了，她的父母就上不了天堂了。那不公平。他们都是好人，他们应该上天堂的，我不希望他们因为她的所作所为而受到伤害。那不是太糟了吗？

找茬鬼在关系中成长

找茬鬼起源于人际关系，因此，它基本上是一种以他人为导向的社会生物。它在关系中成长，并且在我们所有的关系中不断运作，成果斐然，即使我们并没有意识到它的存在。它深厚的人际关系的根基最早是由我们身边重要的人所培育的，他们的评判喂养了它。我们要么发展出一致的找茬鬼，重复主要监护人的评判，要么发展出反叛的找茬鬼，和主要监护人持相反的观点，使我们与他们完全不同。

让我们看看它是如何运作的。安迪来自一个关系密切的家庭，他的家人忠诚，有爱心，负责任。他们似乎生活得很好，有很多朋友。人们尊重他们，这对他们来说很重要。安迪从他父母那里学到了，成为一个好人，一个负责任、有合作精神、可靠的人是很重要的。他的父母对所有自私和不负责任的行为都会给予苛刻的评价。他们经常说起年迈的赛拉斯大叔，他和他们家的人很不一样。赛拉斯有点孤僻，总是把自己的需要放在第一位。赛拉斯身上带着他们的否认自我，安迪的父母认为他的生活方式不对。他们很快指出，他会孤独地死去，没有人爱，因为他是一个自私的、不体贴的人。没有人，没有人愿意那样！

为了融入他们，赢得他们的赞赏和爱，安迪形成了一套主要自我，与他家人的主要自我相匹配。他也成为一个有爱心、忠诚、负责任的人。他的找茬鬼必须从他的想法和感情中剔除所有可能会显得他不忠诚、不负责任或自私的东西——当然，这些也必须从他的行为中剔除出去。**他的找茬鬼在内部运作，它批判一切可能会让他的家人不高兴的想法和感觉。因此所有不适合这个家庭体系的东西，在出现之前就被否认了。**只要安迪表现出一点像赛拉斯叔叔的迹象，哪怕只是一点点，找茬鬼都会让他感觉很糟糕。我们可以把他的找茬鬼看作"心灵之屋的清洁工"，它会把所有不雅观的情绪和倾向都清理干净。

安迪的找茬鬼与主要自我中"负责任的父亲"和"合作的儿子"一起合作，他的家人愉快地接受了他这个好人。他被爱着，一点也不孤单。但他付出了代价，他否认了自己身上所有不符合这一幸福图景的部分。他的找茬鬼吸取了教训，它会确保安迪在未来的关系中，尤其是在夫妻关系和亲子关系中，是一个负责任、可靠的父亲和一个合作的儿子。

与安迪相反，安娜发展出了一套与她的家人截然不同的主要自我。她的父母没有能力，无法掌控自己的生活，没人欣赏他们。他们酗酒，打架，家里乱七八糟的，也没有真正的朋友。安娜发现这种情况不太好，于是四处寻找其他更好的例子来学习。她觉得自己的父母对待生活的方式是错误的，于是发展出了一套与他们截然不同的主要自我。**她的主要自我，不是在帮助她处理与家人的关系，而是在帮助她处理与世界的关系**。它们帮助她融入这个更大的世界，这个她的父母无法适应的世界。不知为何，安娜似乎意识到了，无论她做什么，她被抚养的需求和安全感都无法在家中得到满足。

安娜很幸运，采用这种方式来应对不和谐的家庭。与其像她的家人一样，她还不如学会避免他们的错误。也许她的祖父母、阿姨、老师、朋友或朋友的家人给她提供了另一种行为模式。也许她是从电视节目中，通过观察别人学到的。总的来说，她不会试图融入这个家庭体系。相反，她离开了。心理学家试图解释，为什么有些人在面对逆境时会像安娜一样坚强，而有些人则不然。目前，这个问题还没有明确的答案。

安娜成了一名管理型女性——领导者和组织者。她喜欢掌控一切，喜欢成为行动的中心。她总是很忙。她的主要自我很能干，控制欲很强。一旦放慢速度，找茬鬼就担心她会陷入无能。它最大的恐惧是安娜变得像她的父母一样。所以它总是让她在关系中扮演管理者和发起者的角色。当她情绪激动时，找茬鬼会批评她（因为它记得她父母的争吵），它不会让她觉得自己需要帮助，这样如果没有人照顾她，她也不会失望。只要她出现任何软弱的迹象，只要她不像神奇女侠那样生活，找茬鬼都会让她感到羞愧。

可以想见，找茬鬼会继续以这种方式控制安娜，并对她的人际关系产生重大影响。找茬鬼会告诉她，她不能软弱，不能处于被动，她必须控制所有的关系。她不应该放松，不应该从别人身上索取，因为这些都是危险的行为。结果就是，在所有的关系中，安娜都必须是主动的那个人，必须是发起者。当然，她会发现身边都是需要听她指挥，让她照顾的人。

在安迪和安娜的故事中，我们可以看到找茬鬼是如何在家庭关系中发展起来，并在未来继续指导他们的人际关系的。安迪的找茬鬼让他负责任、可靠和无私，而安娜的找茬鬼让她坚强、忙碌和有自控力。两个人的找茬鬼都不让他们直接表达自己的需求和感受。每个找茬鬼都把注意力放在行为得体上，也就是说，要符合主要自我的要求。安娜和安迪都无法与内在小孩连接并有意识地照顾它，因为它的情感、需求和脆弱都被找茬鬼视为禁忌。内在小孩被看作是关系的障碍，它让生活无法正常运转。

最后让我们看看兰迪的例子。他的父母是完美主义者，他们的期望太高，几乎不可能达到。兰迪也确实没有达到。他甚至不喜欢他们的处事方式，那他为什么要努力像他们一样呢？事实上，走向相反的方向会舒服得多。他也确实这么做了。兰迪没有成为一个完美主义者，而是反抗父母的要求。他生活得很悠闲，甚至有些邋遢。"酷一点。"他经常在想让人们放松的时候这样说。他的主要自我评判那些过于保守的人；它们觉得坚持完美主义很蠢。它们认为生活是要享受的，让生活变得完美是在浪费时间。

兰迪的主要自我，是他的家人的否认自我。**他的找茬鬼没有让他融入家庭（就像安迪的找茬鬼那样），没有在他偏离了家人的要求时评判他，他的主要自我评判他父母那愚蠢的完美主义。**然而，如果他想要做到完美，找茬鬼就会评判他。它会说："你的行为就像你妈妈一样。真恶心！"面对真正的压力时，比如失业，找茬鬼很可能会转换视角，批评他太不上心，尽管这不是它的主要方向。

和安娜一样，兰迪的主要自我是他家人的否认自我。兰迪和安娜都批判他们父母的行为。但他们的主要自我发展出了两种不同的功能。安娜的主要自我保护她的脆弱，特别是努力让安娜融入社会。而兰迪的主要自我则保护他的脆弱小孩，不让他因想要完成一些不可能完成的事情而感到痛苦。兰迪不可能像他父母所希望的一样完美！他的主要自我保证他甚至不会去尝试，这样他就不可能失败。

找茬鬼评估你是否能够开展一段亲密关系

现在，你已经看到了找茬鬼在你的人际关系中获得了多少既得利益。接下来，我们将向你介绍找茬鬼在人际关系中所扮演的另一个角色，这是一个全新的角色。多年前，人们进入一段亲密关系只是因为到了谈恋爱的时候。没有人会思考自己是否已经准备好了。人们认为如果你对此感兴趣，那你就是准备好了。由于离婚已经变得如此普遍，很明显，在过去的25年中，不是每个人都做好了谈恋爱的准备，许多人想知道他们是不是真的准备好了进入一段关系。猜猜谁会回答这个问题："维持一段长久的关系，对我来说困难吗？"你说得对，是找茬鬼。

在找茬鬼的内心深处，它感到脆弱。它害怕你会搞砸；害怕有人真的靠近你，然后拒绝你；害怕你们的关系不长久，害怕你最终会被抛弃。因此，它要检查所有的系统，然后才会允许你进入一段关系。让找茬鬼评估你是不是准备好了开展一段亲密关系，你能猜到会发生什么。你几乎不可能通过评估！

所以找茬鬼告诉你，你还没有准备好。首先，你的外表还没有达到标准。你必须减肥，多锻炼，变得更紧致，减掉脂肪团，染头发，修正一下鼻子，可能还得做个整容手术。你的工作也没有准备好。在考虑进入一段长期关系之前，你需要找一份好工作，这样你才能负担起一个家庭的开支。还要再取得一个学位。你不够性感。你还是太无趣了。你还没有做好心理准备。你要调整你的内心，这样你就不会陷入另一段互相依赖的关系中。你还没学会如何亲近别人。你不知道如何保持私人空间，也不会设立合适的界限。你不够负责任。你太负责任了。等等等等，没完没了。

当然，其中一些评论可能具有客观价值，但更重要的是它们背后的感觉。它传达的信息是，你不行。你必须不断改进，才能够找到一个合适的人，进入一段关系。然而，如果你等着，让找茬鬼告诉你你已经准备好了，你就有大麻烦了。我们真心怀疑它永远不会放出前进的信号。

对关系的准备还包括了为人父母的准备。生孩子是在关系中迈出不可撤销的一步。它涉及一辈子的责任，不用说，找茬鬼会感到恐慌，因为它害怕在这个非常重要的冒险中失败。新一代的找茬鬼被新的知识所喂养，已经对父母不当的教育方式所造成的伤害有了全新的认识。许多心理成熟的找茬鬼很快就会说：

你还没准备好要孩子。

在你想要为别人承担责任之前，你自己还有很多事情需要处理。

你要花一辈子的时间处理内在问题，然后你才能真的为人父母。

你当然不想让你的孩子经历和你一样的痛苦。你不想成为像你父母一样的家长。

所以你会发现，找茬鬼是你的一部分，它几乎总是从关系的角度来思考问题。现在，让我们深入探讨它的作用。首先，我们来看看找茬鬼是如何被他人的评判所影响的。最后，我们会看看过度活跃的找茬鬼是怎样阻碍了亲密关系的。

• 你的找茬鬼希望你如何与他人相处？

下面的练习将帮助你看到你的找茬鬼和主要自我希望你如何与他人相处。记住，这些自我最初都是为了保护身在原生家庭中的你。有了这些全新的信息和客观的视角，你的觉知自我就可以审视这些自我，观察它们对你的生活和人际关系的影响，如果它们不能再为你提供合适的服务，你就可以调整它们的力量。这样，觉知自我就代替了这些主要自我，为你提供保护。

找茬鬼的行为与主要自我有什么关系？如果你的主要自

我与你父母的主要自我相一致，找茬鬼就会因你与这些自我不同而批评你。为了在人际关系中保护你，它会努力让你与父母和生活中的其他人保持联系，就像你的父母一样，他们也会这样做。然而，如果你的主要自我与你的父母相反，一旦你的行为与他们有任何相似之处，找茬鬼就会批评你。它会努力在关系中保护你，确保你的行为与父母相反。它一点也不希望你去冒险，不管是在生活中还是在人际关系中。所以它基本上会支持你的旧行为模式，尽管它有时也会批评这些旧模式。

1.别人会怎么想？试着调到找茬鬼的频道，听听它的话，它对别人的想法有哪些恐惧。看看你是否能想出找茬鬼最喜欢的句式"别人会认为……"也许这些话听起来像你父母曾经说过的话。常见的说法有：

别人会认为你什么都不知道。

别人会认为你自私。

别人会认为你专横。

别人会认为你不友好。

别人会认为你没有礼貌。

2.你有宗教信仰吗，或者你是一个追求灵性的人吗？如果是的话，找茬鬼会担心你和上帝的关系吗？它主要担心什么？

3.你的主要自我像你父母吗？想想安迪的故事。你的哪一些主要自我像你父母？

4.你的哪一个主要自我与你的父母相反？例如，如果你的父母很吵，那你安静吗？

5.找茬鬼如何评价你对恋爱的准备情况？如果你正在一段感情中，它觉得你还有哪里需要改进？

6看看你的主要自我，重新评估它们的角色。根据本练习和第一章中的练习，想象一下你的主要自我。你的主要自我有失灵的时候吗？想想上一次，你的主要自我在关系中自动占据了主导地位，结果出现了问题。然后想一个替代方案，采用这个方案结果可能会更好。例如，你可能非常独立，从不请别人帮忙。每当你感到脆弱的时候，你都会变得坚强和自信。上周，你打扫车库的时候需要别人帮助你搬一些重箱子，但由于你很独立，没有给你丈夫打电话，没有让他帮忙。找茬鬼说如果你打电话给他，他会认为你是个讨厌鬼。你自己搬了箱子，那些箱子太重，你的背受伤了。你觉得自己被抛弃了，你愤怒地指责他，在你真正需要他的时候，他从来没有帮助过你。当你这样思考这个例子时，你就在用觉知自我来审视你的主要自我和找茬鬼，观察它们所扮演的角色。这会让你觉察到自己的行为，并为未来拥有真正的选择创造可能性。也许下次当你感受到那种自以为是的独立时，你会停下来问问自己，你是不是需要一些帮助。然后，你可以选择寻求你真正需要的帮助。

第十二章
在家庭中成长的否认自我、评判和找茬鬼的发展

> 无论我们否认自己的哪个部分，这个部分都会成为我们的个性特质，从人际关系中回到我们身上。无论我们否认自己的哪个部分，我们都会在他人身上发现，而且我们要不就用力地评判他们，要不就被深深地吸引。从某种程度上说，我们都是彼此的否认自我的反映，因此在生活中被许多人评判也是不可避免的。

　　我们已经看了许多例子，解释找茬鬼是如何依靠他人的评判来发展自己的。我们也把找茬鬼定义为批评或评判我们自己的那部分自我。而评判自我是我们批评别人的那部分自我，或者是别人批评我们的那部分自我。现实生活中，我们的确经常被别人评判，而我们中的大多数人，在某种程度上，

也愿意评判别人。事实上，我们的许多关系在很大程度上也是由评判他人和自我评判所主导的！

在讲述"找茬鬼攻击"的那一章中，我们研究了一些外界评判，它们会刺激找茬鬼。在本章，我们想更深入地探讨评判在我们的人际关系中有什么作用。具体来说，我们想要探索在家庭互动系统中，评判会对孩子发生什么。父母的评判是如何形成的，为什么形成，这些评判又是如何影响到孩子的？在第一章中，我们总结了一些基本原则，现在，我们会回顾这些原则，因为它们对理解家庭互动模式有着重要的作用。

否认自我和主要自我

在成长过程中，认同某些自我是相当自然的，然后随着时间的推移，这些自我开始定义我们的个性。这些自我基本上是为了保护我们。在我们很小的时候，它们就会出现，规范我们的行为。它们会保护我们，因为我们太脆弱，太容易受伤。它们会尽最大的努力保护我们的安全。这些就是大体上负责照顾我们的主要自我。

让我们以一个小女孩为例，她在一个混乱的家庭中长大，父母的情绪很不稳定，取悦别人对她来说非常重要。和许多相似处境的人一样，她将取悦者发展成为一个主要自我。这个取悦者是个非常自然、非常强大的自我，在许多方面为她服务。她相信，如果她对别人好，别人就会对她好。善待别人，他们就会开心，生活就会平静。尽管这不总是有效，但它起作用的时间足以让它成为一种主要模式。

与此同时，她可能学会了成为一个非常负责的人，照顾她的父母、兄弟姐妹和朋友。对她来说，善待他人、照顾他人成了她的一种生活方式，这种生活方式决定了她在每一段关系中的行为。在这个过程中，她必须自然地否认那个"不善良""不负责任"的自我。这种取悦别人，负责任的行为让我们中的许多人都安全地度过了童年，有时还很愉快，这些行为后来成为我们成年性格的基础。

要想发展取悦者，我们必须否认自己的某些主要部分，因此，今天一些作家和老师称它为"虚假的自我"。同样的批判也指向了其他类型的自我，这些自我可能也曾在成长过程中帮助过我们。我们的那个总是帮助别人，总是为别人的行为承担责任的自我就是一个很好的例子。

我们不想说这些自我是错误的。这种判断只会促进找茬鬼的发展。这些自我是主要自我，是我们的一部分，它们竭尽全力养育并照顾我们。当我们以一种不同的方式应对这个世界时，它们会做好准备，放弃对我们的控制。**每个主要自我都在等待觉知自我的诞生，这样它们就可以进入半退休状态。每个自我都在做它们必须做的事，尽其所能保护我们，直到我们学会照顾自己。**一旦我们不再需要取悦他人，不再需要为他们负责，一旦我们能够处理新行为的后果，那么曾经的主要自我就可以放松下来，享受它们应得的假期。

从这个意义上说，主要自我就像我们的父母一样，虽然已经老了，但仍然像小时候一样，给我们提出同样的建议，并以同样的方式控制我们的行为。而我们内在的父母也是如此。当它们终于觉得可以信任我们，相信我们能够真正对自己负责，能够保持举止得体时，他们就能够放手，允许我们独立地生活。当我们在心音对话中与这些主要自我对话时，它们都会觉得它们在这个世界上的运作方式是最安全的，如果有人说它们是假的、不真实的，它们会觉得很受伤。事实上，这些话会让它们更加顽固，更加稳定，更不可能放弃控制。

正如我们所看到的，对于每一个发展中的主要自我，都将会有另一个和它一样，但是程度相反的自我存在，它没有机会以正常的方式表达自己。虽然这些被否定的自我在潜意识中悄无声息地生活，但它们经常在意想不到的时刻爆发，令主要自我懊恼不已。

因此，在上面的例子中，如果我们形成了一个强大的讨好者，并用这种方式与这个世界打交道，那么在这种风格之下，隐匿着非常自私的倾向，而且鲜有机会能够表达这种倾向。如果我们认同那些强大、强势、有力的自我，我们就会否认自己的脆弱。如果在成长过程中，我们认同那种种充满爱和关怀的生活方式，我们就会否认自己有攻击性、不友善，甚至是恶毒的那一面。如果在成长过程中，我们是内向的，我们就会否认外向的那部分自己。可能存在许多这样的对立。

我们不可能摆脱不断发展的否认自我。这是非常自然的，而且不可避免。然而，这些否认自我确实带来了一系列我们需要理解的后果。我们再次重复第一章的内容，因为这个概念是理解人类互动的基础。**我们的主要自我是我们以为的自己！**如果我们从小就拥有强而有力的自我，我们就会认为自己很强大。如果我们在成长过程中是敏感、感性的，我们就会认为那就是我们自己。我们从来没有意识到，这种特别的存在方式，只是一个或一组自我的表达。当我们使用"**我**"这个字时，指的其实是主要自我，但我们并不知道这一点。

现在我们来看看下面这一点，这对于我们理解自己，尤其是理解找茬鬼在人际关系中的运作方式是至关重要的。**无论我们否认自己的哪个部分，这个部分都会成为我们的个性**

特质，从人际关系中回到我们身上。无论我们否认自己的哪个部分，我们都会在他人身上发现，而且我们要不就用力地评判他们，要不就被深深地吸引。从某种程度上说，我们都是别人否认自我的反映，因此在生活中被许多人评判也是不可避免的。正如我们在《拥抱我们的自我》一书中写道的，每一个否认自我都会成为一枚上帝的热追踪小导弹，向我们飞来！

在外部世界中，我们憎恨、评判一切我们否定的东西，却浑然不知。对于我们喜欢的东西也是这样。我们被事物和人所吸引或为之迷恋，往往也是对否认自我的表达。当然，这里的重点是评判，而不是吸引，因为我们讨论的是找茬鬼的成长。

当我们基于否认自我做出评判时，我们理直气壮地觉得自己是正确的。基于这种正义，我们可以为几乎所有对待他人的方式和感觉辩解。可以用我们是否感觉到了正义来区分评判和觉察。当我们评判的时候，我们觉得自己是正义的。而在觉察的时候，我们是客观的。

让我们来看一个评判的例子。想象简和她老公在一个派对上。她今年35岁，有3个孩子，她大部分时间以母亲的角色出现，要对孩子、丈夫和朋友负责。派对上有一个和她年龄相仿的女人，她喝了很多酒，正在和很多男人调情。为了让这个场景更完整，她穿着一件性感的衣服，领口很低。简对她老公说："这是我经历的最恶心的夜晚。"这是一个明确的评判。在她自己的生活中，她否认了自己性感的能量。不允许调情，她的找茬鬼在她耳边重复着她父母的声音，响亮而清晰，尽管她自己并没有意识到这一点。从简还是个小女孩的时候起，她就因性感受到责备，而且这种责备不仅存在于外在，还扩展到了内在层面。简的表现必须要符合传统。当她遇到一个开放、轻浮、不合体统的人，简的主要自我就会开始工作。它们评判那个人的行为。否认自我越强大，评判力度就越强。

伊冯和她丈夫与简在同一个聚会上。她们看到了同一个女人，但伊冯一点也没有受到威胁，没有感到不安，也没有被那个女人吸引。她知道那个女人行为不当，但她没有特别想要与她接触，也没有强烈的情绪反应。伊冯和她的性感保持连接，她的那部分自我知道该如何放肆，也喜欢调情，所以这对她来说不是问题。她能够觉察到身边的人和环境，因为没有否认自我在工作。

我们的评判背后总是有一种正义感。它们在情感上传递着信息，造成了影响，无论这些评判伪装得多么小心，就算没有说出口，被评判的人也会觉得自己被羞辱了。觉察是不会感到正义的。它们更加客观，不带个人感情色彩。没有必要用任何方式贬低对方。这种评判的原则和否认自我是人际关系中最重要的因素，尤其是在家庭环境中。让我们通过一些例子来看看这些否认自我是如何影响我们的成长的。

付出型母亲

　　将玛丽形容为一位付出型母亲再合适不过了。孩子、丈夫和朋友，她随叫随到。之所以会养成这样的生活方式，是因为这种方式帮助她度过了痛苦的童年，那时她的父母总是不在她身边。当她还是个孩子的时候，她的父母经常不在家。她经常和临时保姆待在一起，保姆经常更换，她很害怕，她还担心父母不会回来了，并为此感到焦虑，她还记得这种感觉。父母等待她变得坚强，等待她长大，因为他们对脆弱一无所知，而且玛丽的坚强对他们有益。当她哭泣、难过时，父母就会生气。他们告诉她要表现得像个成年人，当他们不在的时候要照顾好自己。眼泪和脆弱带来了痛苦，不被认可的痛苦。她的父母还告诉她，她哭的时候，只考虑自己，非常自私。她必须为弟弟着想，对他负责。自私是件非常糟糕的事情。

三四岁的时候，玛丽已经吸取了教训，她开始关心她的弟弟、保姆和她的父母。她开始照顾身边的每一个人，她否认了所有可能被视为自私的行为和冲动，否认得越来越厉害。对之前那个脆弱的小女孩感受到的焦虑和恐惧，她都是用这种方式处理的。通过认同奉献和关爱他人的主要自我体系，她为自己创造了一个地方，保证了自己的安全，在某种程度上，任何家庭不和睦的人在这里都是安全的。她的否认自我是她的自私，自私能让她把自己放在第一位，让她可以脆弱。她自己的脆弱完全被忽视了，因为她总是把关心别人放在第一位，把自己放在最后。

　　玛丽有个女儿叫贝丝。从一开始玛丽就觉得贝丝是个自私的孩子。在玛丽看来，贝丝总是把自己放在第一位，而且随着年龄的增长，这种行为变得越来越极端。她会未经允许，就从玛丽的衣柜和首饰盒里拿衣服和首饰。她还向弟弟妹妹借东西。她从不帮忙做家务，走到哪里都把东西弄得一团糟。在所有能想到的地方，她都越来越反对她的母亲，而玛丽永远也不明白自己做错了什么，造成了这一切。

　　多年来，在贝丝的成长过程中，母亲的批评一直萦绕在她的耳边："你真自私！你只想到你自己！你的问题是，除了自己，你从来不为别人着想！"我们描述的是常见的家庭互动。起初，贝丝可能只是一个有主见的孩子，不喜欢与弟弟妹妹分享她的玩具。玛丽不能接受这种行为，她觉得贝丝自私。一般情况下，孩子要么尊重这个判断，努力变得无私，要么反抗这种判断，并慢慢站在了父母的对立面。贝丝选择了反抗，从很小的时候起，她就开始与母亲的要求做斗争，她的母亲要求她像自己一样，成为一个奉献、无私的人。这是一场家庭战争，交战双方为母亲的主要自我（她的付出）和女儿的主要自我（她的索取）。

想象一下，玛丽的评判会对贝丝的找茬鬼造成什么长期的影响。贝丝最终可能会离开家，反抗她的父母，但她不会离开找茬鬼。我们走出家门，走向广阔的世界，想要摆脱评判我们的家人，这时，找茬鬼也从家里出来了。无论我们处于何种关系——工作关系、婚姻关系、朋友关系，还是亲子关系——它都会一直跟着我们。

既然我们都有主要自我和否认自我，就无法避免这种互动。评判是人际关系的一部分，尤其是在亲子关系中，必须要克制住否认自我。它们是危险的。

玛丽觉得贝丝的自私是邪恶的。一般来说，我们所批判的人身上带有我们觉得邪恶的感觉或品质。玛丽觉得贝丝的行为是邪恶的，这种感觉渗透到了贝丝找茬鬼的核心，找茬鬼似乎因此拥有了绝对的判断力。对这种常见的家庭模式，疗愈的方法是让玛丽去找回她失去已久的自私本性，让贝丝去找回她失去已久的奉献与支持的本性。一旦能够超越批判和自我批判的模式，她们就成了彼此的老师。

强势的父亲

杰克是个强势的父亲。他上学时是一名运动员，他对体育的兴趣一直持续到中年。他成了一个成功的商人，崇尚权力和功名，尤其希望能够在世界上"大放异彩"。他的儿子罗伯特正好相反。杰克想要把罗伯特变成一个强壮的孩子，但总是遇到罗伯特的反抗和畏惧。杰克觉得自己的儿子娇生惯养，是个娘娘腔、爱哭鬼。实际上，罗伯特非常内向、敏感，他喜欢自己玩，喜欢编故事。父亲对他不停歇的批判使他极端认同自己的主要自我体系，他开始排斥父亲的价值结构，对他嗤之以鼻。许多年后，当他有了自己的孩子，他仍然在轻视身体素质，因此，他的一个孩子极度倾向于成为体育爱好者也就不足为奇了。这就是主要自我和否认自我的工作方式。有时，这些批判被非常直接地表达出来；有时，它们是内心中无声的存在。对找茬鬼来说，形式并不重要，因为二者都为它提供了很好的养料。

罗伯特的找茬鬼因他父亲不断的批判而圆润起来。多年后，他成了一名成功的律师，但他从不觉得自己很好。他总是把自己和其他律师、和其他专业人士比较。他被自我怀疑和无价值感折磨着。妻子给他的支持再多，也改变不了他的想法。罗伯特遭受了多年的贬低，因为他的主要自我是父亲的否认自我，他还会继续成为找茬鬼的受害者，直到他意识到这一点，并与之分离。他可以一直努力维持与父亲的关系，但找茬鬼不会改变，直到他把注意力转向内心。

父母经常问我们："我怎样才能帮助我的孩子？"答案很简单。**先改变你自己，发现并跳出你认同的价值结构。然后你来到了一个新的位置，可以找回你的否认自我，你的孩子不用为你背负着它们！**

认同强势父母

孩子可能带有他父亲的否认自我，结果就是我们在上面看到的那种两极分化。或者，孩子可能会认同强势的父母，并抛弃那些被强势的父母所否认的脆弱、敏感的自我。琼的父亲是一个非常成功的商人，她非常认同她的父亲。她的父亲不喜欢脆弱，很久以前就失去了创造力和灵魂的活力。琼的母亲携带的是另一面的自我，这在婚姻中很常见，他们最后离婚了。琼年轻时，人们觉得她很像她母亲。然而，从高中开始，她的性格开始由崇尚权力和成功的主要自我驱动，在这个新的性格下，她开始排斥、批判她的母亲。在母亲看来，和琼说话就像和她的前夫说话。琼的口中出现了相同的批判，母女之间自然产生了隔阂。

琼和她的母亲走向了相反的方向，她们带着彼此的否认自我。在婚姻中，母亲从来没有处理过比自己更强势的能量，那些没有人情味的，跟事业有关的能量，现在她也无法解决她女儿的这些问题。母亲的主要自我是温柔的、女性化的，她批判琼的商业身份，说她和她的父亲一样。琼的主要自我看重事业，没有人情味儿，她批判母亲的温柔，认为她无法在这个世界上立足。

在内心深处，母亲的找茬鬼不断地告诉母亲，她是多么软弱，她没有商业才干，没有金钱意识。女儿的找茬鬼不停地骂女儿太苛刻，太自私，要求太高，金钱至上。她们对彼此的批判过于强烈，永远也意识不到找茬鬼的存在，也无法觉察找茬鬼是怎样在她们的内心中运作的。琼的父亲根本没有意识到自己心里有个找茬鬼，这在那些崇尚权力的人身上很常见。他生活在固定的主要自我体系中，这是一个成功的、权力导向型的商人的体系，在这里，他批判所有不符合这个自我标准的人和事。因此，他完全拥护这个系统，通过批判别人，而不是听找茬鬼批判自己，来掩盖脆弱。当这样的人准备好进行内心的对话时，你可以肯定找茬鬼就在那里，等着被听见。我们不妨给这些找茬鬼起一个特殊的名字——"等待中的找茬鬼"。一般只有某种危机，比如严重的疾病、离婚或重大的商业挫折，才会点燃等待中的找茬鬼的脆弱性。

玛丽：父亲的灵魂之女（soul child）

在玛丽的家庭中，她是父亲的灵魂之女。她的父亲是一个有创造力、敏感、多情的男人，然而他的需求在婚姻中没有得到满足。他没有和妻子交流过这个问题，和大部分情况一样，他希望自己的女儿能满足他的灵魂需求。玛丽的母亲是一个非常实际、脚踏实地的人，玛丽和她的丈夫都是她的否认自我。

随着时间的流逝，这变成了一个严重的问题，因为玛丽和父亲变得更加亲密。母亲觉得自己被抛弃了，她感到失落，她对玛丽的批判越来越多，而她并没有意识到。她攻击玛丽异想天开，不跟朋友们在外面玩，注意力不集中，以及所有她与自己不同的地方。她从来没有解决过自己生活中真正的问题：她与丈夫之间缺少爱的联结，并且否定自己内向的灵魂本性。

玛丽会从很多方面受到这种家庭氛围的影响。在这里，我们关注的是她的找茬鬼的发展。它变得非常强大，想要麻痹她的生活。它听起来很像她妈妈，玛丽讨厌她妈妈对她评头论足。她认为她父亲是积极的、慈爱的。然而，从我们的角度来看，我们可以发现，她父亲在婚姻问题上处理不当，使她的母亲受到冷落，并为她强烈的批判态度营造了环境。对一个年轻人来说，慈爱的父亲和强硬的母亲之间的分歧显然是个真正的困难。

如今，有很多文章报道了儿童的身体虐待和性虐待的问题，提出了很多方法。还有另一种虐待，就是父母对带着自己否认自我的孩子进行长期的批判，这种虐待也很强烈。因这一切而生的找茬鬼继续着虐待行为。除非我们能够与找茬鬼分离，否则这种虐待的模式就会随着"批判—找茬—批判"的循环而永远继续下去。

灵性家庭中的另类儿童

梅尔在一个有着强烈精神价值观的家庭中长大。他的父亲还算成功，但他的信仰体系强调爱和精神发展，而不是世俗上的成功。梅尔和他完全相反，他一向爱钱，而且随着年龄的增长，他变得越来越物质主义。他的父母对此并不满意，但是他们的灵性部分要求他们不要批判，因为在他们的信仰体系中，要避免批判。正如我们所提到的，找茬鬼会接受这些没有说出口的批判，它们通常比说出来的批判更有力量，也更权威。

随着年龄的增长，梅尔的找茬鬼变得越来越强大。它不断地告诉他，他太物质了，他没有合乎道德的社会价值观。在他父母脑海里播放的每一件事，都成了他成年生活中的找茬鬼播放的交响乐。他非常努力地想要摆脱父母的批判，他认为自己能够解决这个问题。但是，如果不了解内在的现实，不了解找茬鬼播放的交响乐，找茬鬼仍会让他感觉糟糕，他仍会是个受害者。

非灵性家庭中有灵性的孩子

今天，有许多以灵性为导向的人，他们的家人对这些事情并不感兴趣。维姬是一个非常敏感，天生具有灵性，心理和谐的孩子，她在很小的时候就发现自己能知晓别人的思想和感觉。她把这些大声地说了出来，说了好几次，可人们让她现实一点，表现得和其他孩子一样。人们让她参加体育比赛，强迫她学习她不想参加的课程。

她的父母显然被她的灵性能力吓坏了。在他们的女儿身上，任何与梦想、神秘、直觉有关的东西，都要压制下去，因为这是压制灵性能力的唯一办法。孩子们就是这样长大的，违背他们的天性。维姬必须和父母一起，建立起一个共同的主要自我系统，不然他们就会拒绝她，彻头彻尾地拒绝。她内心深处灵魂和灵性的本质被埋没了，她成了一个"脚踏实地"的人。她的找茬鬼总是攻击她爱做梦，注意力不集中，因为不管多么努力，她都无法停止她的幻想和白日梦。找茬鬼为了保护她的安全，自然而然地成了她的内在家长，不断提醒她要生活在这个世界上，不要总想着离开它。它记得小时候总是被人批评的痛苦，为了保护她，它比她的父母更严厉地批评她。

我们所在群体的影响

我们就读的学校会极大地影响找茬鬼的发展。例如，在英国的寄宿学校，教师和学生的主要自我系统都强调要"保持冷静"。这是指要保持镇定，不要哭，不要被感觉和情绪控制。学生们采用了这种主要自我系统后，一旦显露出了感情，甚至是开始体验到任何一种感觉，找茬鬼就会攻击他们。因为感情在这所学校中会遭人唾弃，学生们为此很容易受到老师和同学的批判。

在一个有着强烈宗教背景的学校里，主要自我系统对于哪些行为、思想或感觉是合适的，哪些是不合适的，有强烈的想法。假设，有一条关于作弊的荣誉准则。找茬鬼就会抓住这一点，我们有任何关于作弊的想法或幻想，它都会攻击我们。找茬鬼会非常积极地观察，保证我们在这方面不做任何错事。无论宗教制度是对是错，找茬鬼都会攻击我们，确保我们所做的事是正确的。

一个人加入的正式的组织机构，比如教堂或分会，也有自己的一套规则。在虔诚的天主教、犹太教或新教背景下长大的人，会收到一系列规则，指导他们应该如何在这个社会中行事。他们内心的规则制定者学习这些规则，找茬鬼则执行这些规则。即使有人已经彻底退出了他年轻时加入的宗教，找茬鬼还会经常重复教义的教导。那些以最大的放纵来表现自由的人可能有着非常强烈的原教旨主义内核，不然他们不会这么崇尚自由。真正的自由不是每时每刻都做你想做的事，而是能够一边拥抱保守主义，一边接受自由精神。**真正的自由在汗水、实力和力量中显现，这力量来自对构成人类灵魂的诸多对立面之间的张力的驾驭。**

因此，请记住，在我们所有的人际关系中，在我们与所有组织的连接中，我们都在与别人的主要自我系统打交道。如果我们的主要自我系统与外部系统一致，就不会出现明显的问题。我们认同这个系统，否认这个人或这个系统所否认的东西。如果我们的主要自我是外在的人或组织的否认自我，那么我们就会受到这个人或这群人的批判。随着时间的推移，这些批判开始喂养找茬鬼，让它变得圆润。即使我们在与他们斗争，我们内心的找茬鬼仍然在成长，因为它怀着深深的焦虑，希望我们能被接受，希望我们能做正确的事。认识到这些外部的批判，理解我们是如何不断地生活在别人的否认自我之中，能够帮助我们与这些批判分离，穿过存在于许多关系中的负能量迷宫。现在让我们看看，处理找茬鬼对他人评判的反应的其他方法。

打破"别人会怎么想？"的紧箍咒

找茬鬼一想到别人的评判就害怕得要命，以至于它从来没有想过，实际上，评判可能根本不存在。从觉知自我的角度，你有选择权来决定别人的反应对你有多重要。你是有选择的。考虑别人的反应可能也是重要的。例如，我们（哈尔和西德拉）在东海岸向专业听众发表正式演讲时，会比在西海岸向非正式群体发表演讲时穿得更职业化。这似乎是一个重要的时机，可以调整别人对我们的看法。但如果我们总是按照别人的想法穿衣打扮，我们可能永远不会真的感到舒服，也无法形成自己的个人风格。我们就会努力成为自以为别人想要我们成为的样子，而不是成为我们自己。

练习为自己做选择。下次你的找茬鬼说："但是别人会怎么想呢？"停！注意！找茬鬼害怕别人怎么想？如果人们真的这么想了，找茬鬼担心发生什么事情？花点时间想想他人的反应在这种情况下有多重要。你可以这样提醒自己：人们根本不在乎，他们应付自己的生活，解决自己的问题就够忙的了，谢谢。

既然你已经考虑过其他人可能的反应，以及这些反应可能产生的后果，那么就继续考虑这个决定的另一个重要方面吧。**你到底想要什么？**在这种情况下，对**你**来说最好的办法是什么？**你**觉得怎样最舒服、最自然？现在，考虑过这**两**方面后，做出真正的选择。

如果这真的不重要呢？

找茬鬼著名的问题"别人会怎么想"困扰着很多人，这个问题让我们用自认为别人会接受的和自以为安全的方式行事。知道一些我们的行为对他人的影响是很重要的，但找茬鬼往往在这方面有着绝对的独裁。

想想另一个问题，"如果这真的不重要呢？"你甚至可以进行一次"实际检查"，问问对方某件事对他有多重要。例如，珍妮特是一个非常负责任的、很有教养的女人，她认为每天为家人做一顿晚饭是最重要的。虽然珍妮特整天都在工作，但她还是不辞辛苦地准备晚餐，即使是在那些她不想做饭的晚上。她从未跟丈夫和孩子确认过这一点，如果她晚上不做饭，找茬鬼会毫不留情地批评她。有一天，她问家人，他们是不是真的喜欢每天晚上都在家吃饭。他们说，如果大家一起，每周出去吃几次，吃点便宜的、简单的食物，那就太棒了。这让她大为惊讶。这会让她有一些休息时间，也让家人们有一次特别款待。和珍妮特一样，我们中的许多人可能想当然地认为，对我们或我们的主要自我重要的东西，对别人也同样重要。验证一下这是不是真的，怎么样？你可能会吃惊地发现，很多时候这真的无关紧要。

接下来，让我们尝试一些不同的东西。想象一下如果完全没有"别人会怎么想"这个问题，会怎么样。拿一张白纸，用一种你不常使用的颜色（可能是红色或紫色）写，"如果它真的对所有人都不重要，我会_____。"就这样玩吧。这不是个改变你生活的议程！只是个机会，尝试一些新想法，看看如果你不那么担心你的行为对别人的影响，和你的行为给人际关系带来的后果，你可能会做哪些不同的事情。

● 你的找茬鬼是如何尝试去适应他人的？

1.在成长过程中，为了取悦你的父母或兄弟姐妹，你可能不得不以某种方式生活。为了取悦他们，你必须做什么？

A.他们要求你做什么？

B.你是按他们说的做吗，你反抗了吗？

C.家里有分配什么角色给你吗？你的角色和兄弟姐妹的有什么不同？

2.你的找茬鬼是如何被你身边人的评判喂养的？

3.你有没有察觉到你可能表现出了你父母的否认自我？

4.哪些老师的评判让你感觉不舒服，哪些老师很少评判你，因此让你感觉很好？你为什么觉得不舒服？

第十三章
无敌的攀比鬼

> 在与他人进行比较的过程中，找茬鬼的权威感明显增加了。它一遍遍地回放那些事情，不断提醒我们有人表现得比我们更好，有人看起来比我们更得体，更有风度，他们给别人留下了深刻的印象，我们望尘莫及。面对这些比较和消极的攻击，创作的灵感难以流动。

　　找茬鬼采取了许多不同的方法，试图控制我们的生活，这点我们已经见识过了。在这些方法中，最有效的就是将我们与他人进行比较。比较的过程如此自然，我们几乎意识不到，除非我们把注意力集中在找茬鬼身上，聆听它说话的方式。我们**感到**的是糟糕、沮丧、自卑。因为我们**听到**的是找茬鬼暗中做出的比较。

　　故事是从我们童年家庭的设置开始的。通常情况下，在一个家庭里，每个孩子都有着不同的优点和不足。有的孩子感性，有的孩子则是天生的思想家。有的孩子务实，有的孩子则想象力丰富。有的孩子外向，有的孩子内向。这些与生俱来的差异在很大程度上是由基因决定的。然而，随着这些孩子的成长，家庭和环境的影响会夸大这种差异。

例如，约翰是个内向的孩子，喜欢幻想。他的哥哥则恰恰相反，性格非常外向，在生活中也很务实。面对哥哥和其他外向、务实的人，约翰感到脆弱。他的哥哥认为他软弱，不够专注。更糟糕的是，约翰的父母也更喜欢哥哥的性格。就这样，找茬鬼以无敌的攀比鬼的形式出现了。它不断将约翰与哥哥比较，指出约翰与哥哥的差距，以及哥哥有多么成功。每次家庭聚会对约翰来说都是羞辱，找茬鬼提前一周就开始行动，提醒他有多少不足。

事情还不止于此。由于哥哥身上有着很多约翰的否认自我，当约翰成年后，离开自己的原生家庭，开始独立生活时，找茬鬼将他与每一个他所遇到的外向的、成功的人比较，永无停歇之日。他的妻子可能非常爱他，努力向他展示他有多棒，他的特质有多么珍贵。可是找茬鬼不这样认为，它像一套盔甲，将约翰与一切积极的信息隔离开来。约翰对和哥哥同一类型的人感到深深的嫉妒，每当看到他的爱人在和这类人谈笑风生时，他都会感到受伤。有趣的是，人们往往会被身上带有自己的否认自我的人吸引，与之发展恋情。

我们曾在前文中提到，找茬鬼和审判官是一枚硬币的两面。毫无疑问，约翰会评判他的哥哥和喜欢哥哥的人。而且极有可能，在他做出这些评判时，他的内心非常傲慢。当找茬鬼的力量很强大时，这些评判从未说出口。然而，约翰觉得自己是哥哥的受害者。通常这是导致家庭关系破裂的核心因素。我们无法忍受近距离的比较，我们必须让自己远离痛苦。

小男孩放学回家，他的作业得了个D。他的母亲为此而生气，她感到脆弱。她没有意识到这点，也没有将自己与脆弱分离，她要么被找茬鬼控制，要么被审判官控制，或者两者兼而有之。实际上，这个母亲觉得自己不够好。找茬鬼告诉她，她是一个失败的母亲。为了降低这样的评价所带来的痛苦，她进入了审判自我模式，对她的儿子说："你哥哥以前从来没有得过这样的分数。"孩子间的比较在亲子互动中是很常见的。这些为找茬鬼成为无敌的攀比鬼提供了条件。

重要的是要认识到，父母的这种比较在多大程度上缘于他们自己，是他们自己在某一特定问题上的自卑感和脆弱感所造成的。父母经常被找茬鬼训斥，找茬鬼说他们没有尽到父母的责任。当孩子在学校里遇到麻烦或是表现不佳时，父母们经历的第一件事就是应对找茬鬼的批判，它说这是**他们的错**，这让他们感觉糟糕。找茬鬼在批判中加入了"别人会怎么想"的声音，如果孩子表现不好，父母会担心。他们从这种声音中体会到的受害感和脆弱感，给他们带来了巨大的痛苦。因此，自然而然地，他们立即进入了下一步，做出比较和评判。"你为什么总是惹麻烦？从来没有人做过这样的事！你就等着吧，等你长大后生个像你一样的孩子吧！真不明白你怎么这么能撒谎。没有人那么做事！"孩子的找茬鬼/攀比鬼学会了这些说法，然后将这个孩子与那些从不惹麻烦的好孩子进行比较，不断重复这些话。这些都是痛苦的比较，生活变成了一场竞赛，大多数时候，你都是失败的那一方。

关于无敌的攀比鬼的一些例子

下面的例子摘自心音对话，在这些例子中，找茬鬼扮演着无敌的攀比鬼的角色：

看她多瘦啊！希望你能减肥。

他做了一场精彩的演讲。

她对孩子们好有耐心。

真是个绝妙的诠释！（含蓄的比较）

瞧他看她胸部的样子。男人从不会那样看你的胸部。

他懂得这么多知识。你为什么不多读点书呢？

她广交社会各界的朋友，而你很难吸引别人的注意。

和她比起来，你太自私了。她真的很为别人着想。

他们都比你成功。

请记住，正如我们所指出的，攀比鬼在利用我们的否认自我。比如，如果我们性格内向，又有一个外向的朋友，找茬鬼就会说："她很受大家的欢迎。你真的需要多出去走走。"再比如，如果我们认识一个冷静、平和、有灵性、有爱心的人，找茬鬼可能会说："你总是说错话。希望你能像詹姆斯一样。他总是那么冷静、克制。"这在我们的朋友中经常发生，即便对方是我们最好的朋友。

与无敌的攀比鬼的心音对话

埃德是个成功的商人，他的找茬鬼也同样成功。看看它在这段对话中所使用的比较。

引导者（对找茬鬼说）：听起来你对埃德的生活有很大的控制权。他很成功，但听他谈论自己，人们会认为他是个彻头彻尾的失败者。

找茬鬼：你可能认为他很成功，但是他哥哥比他富有十倍。他哥哥还是个律师，所以我不认为他是成功的。

引导者：听起来你似乎觉得他永远都生活在他哥哥的阴影下。

找茬鬼：是的，不只是他哥哥。他最好的朋友有他两倍的财富。他是个糟糕的经理。他可不是个商人。

引导者：他能学着成为一个更成功的商人吗？他能更有效率吗？这样你和他在一起会开心吗？

找茬鬼：听着，我必须告诉你，这家伙是个失败者。在重要人物里总是垫底。他不是什么重要的人，这一点就像一个诅咒，永远不会改变。

引导者：你是不是对他太严厉了？

找茬鬼：不是我严厉，我只是实话实说。他无法与那些大人物相抗衡，我只是向他指出这一点，让他知道这些大人物都是谁。

埃德的找茬鬼无疑是个极具影响力的攀比鬼。小时候的经历让埃德感到十分痛苦。他的哥哥是那个爸爸妈妈都格外看重的儿子：性格外向，做什么都能成功。对哥哥偏爱有加的父母，他们那些明里暗里提到哥哥成功的话，以及埃德早年间对哥哥的崇拜，为埃德的找茬鬼提供了大量养料，它越来越强大，最后完全失控了。当某个兄弟姐妹、朋友或家长特别成功或重要时，找茬鬼/攀比鬼一般会变得格外强大。

让我们从埃德哥哥的角度来看这个问题。即使他的找茬鬼/攀比鬼发现他比其他人优秀，和他不如别人相比，他的地位也没有变得更稳固，因为他的找茬鬼/攀比鬼也变强大了。如果找茬鬼/攀比鬼的力量太大，你人生的价值变成了比所有人都好，那么当你不再是最好的那个人时，你就变得毫无价值了！

找茬鬼经常会把我们和那些我们根本不认识的人做比较。例如，对于那些非常有灵性的人，规则制定者通常会把一些宗教大师，比如耶稣基督或佛陀，作为其生活的榜样。如果我们认同这样的想法，在行为上试着向耶稣或佛陀靠拢，攀比鬼就找到了大显身手的机会。根据找茬鬼的标准，任何不良的企图或不完美的事情都会被批评，我们的目光被不断地带回到圣人的身上。在与圣人进行比较时，我们的脑中有一个原则：我们必须开悟。找茬鬼评估我们所做的每一件事，看我们的行为是否真的像一个圣人。既然我们在地球上，在社会中生活、谋生，这样的要求是不可能做到的，事实上，它会削弱我们在这个世界上正常生活的能力。

找茬鬼可能把我们和任何人放在一起比较——电影明星、高管或加油站服务员。如果你从未健过身，而你刚好碰到了一个运动员在加油，可以肯定的是，找茬鬼/攀比鬼会提醒你他身材有多好，而你的身材有多糟。这种比较可能持续几周、几个月，甚至几年。听找茬鬼将你与5年前或20年前的人和事比较，而且是不利的比较，这让人伤心，也有点搞笑。

找茬鬼将你与兄弟姐妹、父母、朋友、同事和一切它能想到的人进行比较。要想摆脱这种攻击，需要大量的觉察和力量。回想自己的生活，找茬鬼喜欢用谁作为你的比较对象。是你的家人、朋友、熟人吗，还是那些你根本不认识的人？只有意识到这些比较，你才能与找茬鬼分离，进而帮助它。这些比较是疯狂电台常规节目中的重要组成部分。

"获胜的唯一方法是停止游戏"

扮演无敌的攀比鬼时，找茬鬼一直在贬低你。当它拿你和别人比较时，你逐渐陷入了觉得自己不够好的泥潭，你可以学习拒绝，停止这个游戏。下次这种事再发生时，坚定地说不。这可能需要一段时间，我们可以确定，找茬鬼会不时地以攀比者的身份出现，你可以不听它的话，慢慢将自己从找茬鬼的这部分能量中抽离出来。

当一个有力的声音想要将你与他人进行有利的比较时，说"不"也很重要。这些比较可能非常诱人，但它和其他的比较游戏一样危险！它们是一枚硬币的两面。如果你的自尊建立在一个强大的自我之上，它评判别人，认为你更聪明、更成功、更有吸引力，那么一旦你什么都不是了，找茬鬼会感到害怕。然后，它会加倍努力，通过进行一系列新的比较和批评，把你重新拉回优势地位。

在生活的舞蹈中，自我批评、评判他人，是其中的主要部分。听到这些声音，看到它们背后的脆弱，在与它们的互动中发展出觉知自我，这些使我们能够与它们分离，当舞池里响起错误的音乐时，我们能够离开舞池。在这个评判和自我批评游戏中，终止游戏是获胜的唯一法宝。

● **无敌的攀比者是如何在你的生活中发挥作用的？**

1.你能想到找茬鬼把你和谁做比较吗？它会把你和你的兄弟姐妹、父母、同事或朋友进行比较吗？是其中一个人还是几个人呢？

2.密切关注找茬鬼在你身上发现了什么不足，以及在比较中，它是怎么利用这些批判的。

3.它把你和公众人物相比较吗？比如电影界、政界或其他工作领域的人？

4.当无敌的攀比鬼把你和别人比较时，它对你的身材有什么评价？

5.当你听到无敌的攀比鬼在进行比较的时候，你能做什么事情来阻止它吗？有什么你能做的事是有可能让你和别人一样的吗？答案自始至终都是：一声响亮的"没有！"当我们意识到这些比较是由找茬鬼做出的，我们不需要玩这个游戏时，我们就不会感觉糟糕。

第十四章
找茬鬼是怎样破坏我们的关系的

找茬鬼让每个人都变成了孩子。当我们在关系中变成孩子时，我们就失去了自我意识，不再是人格独立、自尊自爱的成年人。我们期待别人的认可，将自我价值建立在他们对我们的看法上。于是，我们身边的每个人都成为我们的家长，我们迫切地需要他们的支持和肯定，使我们免受找茬鬼不断的批评。

找茬鬼通过许多方法主动地破坏我们的人际关系。回想一下因找茬鬼的异常活跃而造成的能量耗竭。当我们摆脱了找茬鬼，我们也没什么力气去处理外部关系了。我们的大部分能量都花在了应对找茬鬼的批评上，要么是为自己辩护，要么是消沉绝望。很多人在人际关系中都是这样的模式——我们的注意力都集中在找茬鬼身上，而不是对方。毕竟，当找茬鬼从身后扼住你的脖子时，你怎么能与另一个人亲密相处呢？

现在，我们来看一下找茬鬼让人际关系变得痛苦的具体方式。记住，找茬鬼是在关系中诞生的，它经常重现我们小时候的关系。所以，我们先来看看我们现在的关系怎样反映了过去的关系。

找茬鬼是我们童年关系的重塑者

我们在关系中所扮演的角色通常与我们在原生家庭中所扮演的角色类似。 在家庭成员中，有些人的找茬鬼很强大，有些人的审判官更胜一筹，他们有着不同的生活方式。因此，正如我们在第十二章中所讲到的，有些家庭成员会评判他人，而另一些家庭成员的找茬鬼会记下这些评判并加以利用；一些家庭成员会立刻指责他人，而一些家庭成员会欣然接受这些批评。

杰里的父亲是个吹毛求疵的人，他总是对别人的缺点评头论足。杰里的找茬鬼非常强大，它记下父亲的评判，利用这些话来反对她。在这一切的背后，找茬鬼希望杰里变得完美，这样她的父亲就不会再说出她的缺点，而会爱她。但是杰里在家里的定位已经确定了，在其他家庭成员的评判中，她深受其害。找茬鬼在她的自我中占据了举足轻重的位置，这使她在面对其他人时也成了受害者。如果丈夫说她是一个傻瓜，找茬鬼也这样认为，而杰里便相信他。如果孩子们因为在学校里表现不好，而指责她没有给予他们足够的帮助，找茬鬼觉得他们说得对，杰里便对此感到内疚。她变成了一个内疚机器，而找茬鬼一直在发动引擎。

汤姆的情况则截然不同，他的母亲拥有一个强大的找茬鬼。她想要成为弱者，愿意接受指责。在这样的情况下，汤姆成为他们关系中的审判官。他快速地指出她做错的每一件事，从她健身、美容的方式，到她应对这个世界的无力。他取笑她，对她评头论足，家里有任何问题都责怪她。就这样，汤姆形成了强大的审判官，而不是找茬鬼。审判官成为他的主要自我，在他现在的家庭中，他重现了原生家庭的情况。

我们想象一下如果汤姆和杰里在一起生活，会发生什么？汤姆对杰里越来越挑剔，杰里的找茬鬼不断强大，直到像汤姆的母亲一样。反过来，杰里被汤姆这样拥有强大的审判官的人所吸引，因为在她的原生家庭中，她是拥有强大的找茬鬼的那个人。最后，汤姆的审判官将和杰里的父亲一样强大，因为杰里不断地用受害者心理和孩子气喂养它。

然而，有时，当外部有一个特别强大的审判官时，找茬鬼会隐退一段时间，让审判官接管它的工作。哈尔曾和一位女士的找茬鬼聊过，她的丈夫非常挑剔，他们一起生活了很多年。她的找茬鬼说："她嫁给阿尔后，我就退休了。他做得很好，总是批评她，我没什么可做的了。现在他们离婚了，我就回来了。而且我一点也没有忘记我那些老把戏！"

需要再次强调的是，找茬鬼和审判官是一枚硬币的两面。它们的相似之处在于它们的态度和它们所做的观察。它们唯一的区别是：一个评判我们，一个评判世界。强大的找茬鬼（比如杰里的那个）是我们的主要自我，在它背后，同样强大的审判官在暗中评判。杰里在心里对父母和丈夫充满了评判。她对这些评判的热情不亚于自我批评，只不过评判是默默进行的。

在人际关系中有一条真理：每一次未曾说出口的感觉和反应，都会化为无言的评判。对方感受到了这些评判，他/她不知道为什么自己明显占上风，却会感觉不适、脆弱。这些评判以很多种形式出现，有时在玩笑中，有时在对朋友或孩子大声说出的话中，有时在酒后的喊叫中，有时在愤怒到失控的爆发中。有时，它们在心底压抑了15年、20年，直到评判的对象，我们的伴侣，毫无征兆地提出离婚。这些没有说出口的评判会破坏我们的亲密关系，并且让对方的找茬鬼更加强大。

正如拥有强大的找茬鬼不代表着没有评价他人的审判官，

一个人的主要自我是审判官也不意味着他的内在没有找茬鬼。当一个人是"人生赢家"，能够掌控全局的时候，审判官可以让找茬鬼闭嘴，然后通过比其他人做得更好来保持优势地位。然而，当命运发生突如其来的逆转，使优势地位受到威胁时，比如生病、失业、退休、离婚，我们发现，"找茬鬼"开始工作了。

糟糕的经济状况总是会引发大量的内在批评。所有向外的评判现在都变成了向内的攻击，让那些看起来坚强的人变得异常脆弱。毕竟，他们的力量源于自己比其他人更好的信念。这就是为什么那些喜欢评判的人、那些很有"力量"的人，比如汤姆和杰里的父亲，会在权力平衡被打破，他们不再握有绝对主导权时，变得极其脆弱。

在所有的人际关系中，找茬鬼在保持我们的脆弱性上有着极其重要的作用，这就是我们接下来要研究的问题。

找茬鬼引起了我们的脆弱

当我们很脆弱，不知该如何是好时，我们无法与另一个人和谐相处，不管这个人是我们的爱人、家人、朋友，还是工作伙伴。

在让我们保持脆弱的方面，活跃的找茬鬼起着主要作用。

找茬鬼一刻不停地批评我们和我们的生活方式，这让我们对自己缺乏信心。当我们没有觉察到找茬鬼时，我们做得似乎永远都不够，永远都不够好，我们对自己永远都不满意。

例如，我们开了一个大型研讨会，进展顺利，西德拉的找茬鬼注意到最后一排有个人提前离开了。当找茬鬼就此展开评论时，她觉得自己很脆弱。再比如，如果我们决定写这本书，我们就要推迟很多计划好的事情：整理下学期的教学工作，办理杂务。找茬鬼对我们说教，提醒我们那些没能做成的事，让我们感到脆弱。无论我们的书已经完成了多少字，写得有多好，找茬鬼都可以告诉我们：你们忽视了其他工作、日常锻炼、爱人、家人等等，等等。（重复"等等"的意思是找茬鬼确实能够一直说下去。）

桑迪是一位职场妈妈，她刚开车把孩子们送到学校，就去上班了。她喜欢自己的工作，期待着度过充实的一天。她到了办公室，发现小儿子把午饭落在了车里。找茬鬼立即开始斥责她：怎么会把午饭忘了，为什么忘记带午饭？具体取决于找茬鬼的成熟程度，它甚至有可能因此批评她缺乏教养，不够体贴，这些都说明她不够女人。

桑迪感到非常脆弱，她担心这次经历会给儿子造成创伤。她还担心自己母亲的评判，她母亲认为，一个女人在孩子还在上学时就去工作是可耻的。甚至都不需要她母亲的出现，这些担忧就会浮现在桑迪的脑海中；找茬鬼重复着她的所有意见。

现在，面对这崭新的一天，桑迪不再感到自信和兴奋，而是感到脆弱，身边挑剔的人都会让她成为受害者。找茬鬼让她相信他们的评判，并指责她破坏了她与儿子、与同事之间的关系。她处于极度脆弱的状态。

你看到找茬鬼是怎么工作的了吗？无论你做了什么，是怎么做的，对找茬鬼来说都不够好，你的内在小孩感到脆弱，觉得自己被忽视了。

找茬鬼让你在关系中变成了孩子

当内在小孩感到脆弱，被忽略，而你不知道该如何安抚它时，它就会到别处去寻求帮助、安慰和保护。让我们回到那个研讨会，有人先行离场，这激活了西德拉的找茬鬼。找茬鬼说话时，内在小孩感到害怕。如果西德拉的觉知自我没有启动，她就无法客观地看待这件事，应对找茬鬼的抱怨，化解内在小孩的挫败感。接着，她的内在小孩会向哈尔寻求安慰，就像哈尔是她的父亲一样。西德拉和哈尔是两个成年人，他们刚刚成功完成了一项工作，本该为他们自己感到骄傲，却因找茬鬼的攻击而分离。哈尔必须充当西德拉内在小孩的父亲。他可能是一个好父亲，安慰她，让她安心；也可能会对她生气，因为她小题大做、追求完美。但他会成为内在小孩的父亲。

在一段关系中，一个人充当父母的角色（哈尔），另一个人充当孩子的角色（西德拉），我们称之为"联结模式"（bonding pattern）。联结模式是两个人之间自然的相处方式。当遇到"好"父母时，这种模式让人感到温暖和安全；当遇到"坏"父母时，这种模式变得可怕起来。在这个例子中，如果哈尔是个好父亲，他安抚了西德拉的内在小孩，西德拉觉得自己是被照顾的，她感到安全，至少在那一刻，她是这样觉得的。如果哈尔是个评判型的父亲，他对西德拉感到厌烦，西德拉的内在小孩与这个父亲连接在一起，她感到痛苦。发生这种情况时，西德拉的找茬鬼在心里继续责骂她，而哈尔扮演的评判型父亲则从外部印证了这些批评。

正如我们所说的，找茬鬼激活了内在小孩，让我们成为不完美的孩子。内在小孩无法控制自己，它想要寻找父母。如果我们不能保护它免受找茬鬼的攻击，它就会另寻他处。当它找到另一个父母时，会和这个父母联结在一起，在关系中变成孩子。这不是照顾内在小孩的好方法。从长远来看，没有人能像你一样照顾好它。

正如你所看到的，找茬鬼让我们感到不安全，变成孩子。找茬鬼在线的时候，我们像是个犯了错的孩子，也许再也做不好任何事情。还有一些其他的例子，展示了找茬鬼是如何通过创造联结模式来直接影响人际关系的。

找茬鬼与联结模式

亨利喜欢贝蒂。他们已经谈了半年的恋爱，他想为他们的一周年纪念日做点特别的事。他打算给她一个惊喜：送花，然后一起去她最喜欢的那家餐厅吃饭。他为这个盛大的夜晚做好了准备，虽然有点紧张，但他没有在意。

和原生家庭的其他成员不同，亨利是个浪漫的人。他的父亲是个粗暴、挑剔的人，他对任何情感都持批评态度，对那些可能引起温柔和脆弱的东西更是嗤之以鼻。因为父亲太挑剔，亨利发展出了强大的找茬鬼。当亨利穿好衣服准备出发时，找茬鬼（用很像他父亲的说话方式）对他说：今晚是不会成功的，你是个傻瓜，你太浪漫了，女人不喜欢男人对她们太好，她们喜欢强硬的男人，而不是温柔的。

当亨利和贝蒂见面时，他觉得自己像个傻孩子。几个小时前，他还激动兴奋，心里充满了温柔和爱意，现在他却笨手笨脚，不知道该对她说些什么。亨利从一个期待与爱人共度良宵的浪漫男人，变成了一个尴尬、局促的孩子，渴望着贝蒂的赞赏和爱。他担心贝蒂发现自己不够好，正如找茬鬼所担心的那样。

贝蒂把亨利当成一个孩子，并以父母的方式对待他，虽然之前贝蒂并不是这样做的。一段时间内，贝蒂会表现得像个"好"家长，赞美亨利为她所做的一切。这是一种联结模式，而不是两人间有意识的互动。然而，在某些时候，贝蒂对亨利感到生气，她变成了一个"坏"家长。当亨利的找茬鬼在心里批评他时，贝蒂也会在外部评判他，甚至可能重复找茬鬼的话，批评他太软弱，太需要别人的关注。这时，亨利再现了他和父亲之间那种不愉快的关系。他们形成了非常糟糕的联结模式。

另一个例子是艾瑟尔和她的孩子们，这个例子也展示了找茬鬼对联结模式的影响。艾瑟尔的母亲不是个慈母，艾瑟尔不太喜欢她。她内在的奋斗者和完美主义者认为她必须要做一个完美的母亲，找茬鬼打算满足它们的期望。为此，艾瑟尔阅读杂志和书籍，吸收新的信息，将这些知识应用在抚养孩子的过程中。她知道母亲在养育她时犯的错误，她不想重蹈覆辙。

总的来说，艾瑟尔是个好母亲。她很爱孩子们，仔细思考与他们之间的关系。但问题是：艾瑟尔并不能掌控全局，掌权的是奋斗者和完美主义者，同时，找茬鬼总是能指出她所有的"错误"。找茬鬼说：她不能提供情绪价值；对孩子们太有求必应了；她应该为他们设计一些更有趣、更有难度的活动；她为孩子们安排的日程太满了，他们没有时间进行创造性的自我表达；她太强调学习了；又或者，她没有像其他妈妈一样，陪孩子们一起做作业，帮助他们在学校里脱颖而出。艾瑟尔做的事情很少是对的，因为在怎样抚养孩子最好这件事上总是有与她相反的意见。

这让艾瑟尔非常脆弱。事实上，在与孩子们的关系中，她才是那个孩子。她和孩子们形成了联结模式。如果他们是"好"父母，爱她，觉得她做得很好，她就心情愉快；如果他们变成"坏"父母，生她的气，她就会崩溃。因此，她几乎从来不做让孩子们不高兴的事情。对她来说，设定界限，要求孩子们做他们不想做的事，指出他们的错误，这些都很困难。

由于找茬鬼对她在养育孩子方面的批评，艾瑟尔在孩子们的老师面前也是一个孩子。她和老师们也形成了联结模式，就像和孩子们一样。她的内在小孩向老师们寻求认可和表扬。如果老师们认为她的孩子表现很好、聪明、刻苦，她就心情愉悦。只要老师们说了批评的话，她就感觉很糟糕。当艾瑟尔和其他母亲在一起时，她也是个孩子。找茬鬼化身为无敌的攀比者，快速指出其他母亲做得比她好的地方，很多时候她都觉得自己不如她们。如果她和这些母亲们产生互动，她也会和她们形成联结模式。

从以上的例子中，你会发现，**找茬鬼让每个人都变成了孩子**。当我们在关系中变成孩子时，我们就失去了自我意识，不再是人格独立、自尊自爱的成年人。我们期待别人的认可，将自我价值建立在他们对我们的看法上。于是，我们身边的每个人都成了我们的家长，我们迫切地需要他们的支持和肯定，使我们免受找茬鬼不断的批评。讽刺的是，没有人能给我们那些我们想要的肯定。除了短暂地缓解找茬鬼引起的痛苦，他们什么也给不了我们。只有我们才能解救自己，离开这无休无止的轰炸。

找茬鬼让我们成为不靠谱的朋友和伙伴

找茬鬼让我们成为不靠谱的朋友和伙伴的方式，与它让我们在关系中变成孩子的方式略有不同。一个合格的伙伴必须是可靠的。然而，**当找茬鬼活跃的时候，你基本上就不是一个能干的、成熟的、客观的伙伴了，不管是在工作中还是**

在生活中。

找茬鬼让你变得不可靠。当你的心里有个活跃的找茬鬼时，你无法设立前后一致的界限，也不能为自己、家人、朋友或同事挺身而出；你很容易受到别人的意见和判断的影响。正如我们在上文中写到的，在与身边的人的关系中，你变成了一个孩子，你需要他们的认可。结果是，不管你在哪里，你都是个孩子，你根据别人的意见和需求调整自己的行为。面对他人的要求和评判，你摇摆不定，最终可能会改变自己。

找茬鬼让你不信任自己，也因此让你容易受到他人的影响。让我们看看这是怎样发生的。这是学校开放日之后的一周，老师们告诉家长，孩子们没有做作业，因此要限制他们看电视的时间。你和妻子对孩子们定下了标准并开始执行：作业没做完，不许看电视！规则简单明了。然后你的妻子去开会了，找茬鬼因为你在办公室做的某件事情而攻击你，你感到很脆弱。这时，孩子们说："爸爸，就让我们看一小会儿电视再做作业吧。求你了！"你不能干脆地说不行。找茬鬼提醒你，你早上刚做了一个愚蠢的决定，于是你开始怀疑现在这个决定是否正确，你可能对老师的要求反应过度了。你不再相信自己做的决定，而且觉得自己很愚蠢，你的心理很脆弱，你希望孩子们爱你。如果你坚持让他们做作业，他们不会立刻对你表达爱意。

在内心深处，找茬鬼在攻击你，你觉得很脆弱；这让你在孩子们面前成为一个孩子。现在你需要孩子们成为你的"父母"，给你爱。所以你让他们看电视，虽然你和妻子已经达成一致，认为他们不应该看电视。你的行为证明了你是个不可靠的搭档。这是显而易见的，对吧？当你独自一人的时候，找茬鬼贬损你，在不知不觉中，你背叛了你的同伴，让他/她变得脆弱，迟早有一天，他/她会变得挑剔、愤怒。

在工作中也会发生同样的情况。在你的公司中，你希望每位员工都能认真负责。欧内斯特一直在偷懒，你和合作人共同决定，由你去跟他谈谈这件事。你去找他的时候，找茬鬼说，你太不称职了，你没有权力处罚任何人。于是，你没法坚定而客观地跟欧内斯特谈话了。相反，你对本该清晰而客观的要求感到犹豫不决，还带着点愧疚。你无意间背叛了你的合作伙伴。

再举最后一个例子，你有一系列的任务：写一份报告，叫水管工来家里修理水管，为房子的扩建部分做预算，选择朋友们一起聚餐的餐厅并订位。你充满热情，保证会尽全力完成这些工作。然而，当你独处时，找茬鬼开始攻击你。你肯定做不好的。你会写出糟糕的报告；水管工没有修好水管，还会多收你钱；你不会做预算，也没有人在意你，因为你说了不算；没有人会喜欢你选的那家餐馆，所有人都会知道你是个乡巴佬。即使你想按计划完成，然而你手足无措，什么也做不了，别人对你感到失望。他们觉得遭到了背叛，变得脆弱，然后对你越来越急躁。

找茬鬼积极地唤醒别人的审判官

避免被他人评判的最佳办法就是不评判自己。 但这对一个积极的找茬鬼来说，几乎是不可能做到的。实际上，找茬鬼激活了我们周围人心里的审判官，连那些不怎么评判的人也不例外。就像哈尔常说的那样："如果你的找茬鬼很强大，连小白兔都会变成严苛无情的审判官。"

唤醒的过程不都是通过语言，有些是能量层面上的。找茬鬼像音叉一样，当音叉碰到盒子，盒子会发出相似的音调。找茬鬼产生了振动，其他人也会发出相似的振动。如果音叉发出升A调，盒子也会发出同样的音调。审判官和找茬鬼一样，无所不在，它们随时恭候，准备上场。当审判官感受到找茬鬼发出的升A调时，它们也发出自己的升A调来回应。这太糟糕了！找茬鬼最坏的噩梦一次又一次地发生。这个世界充满了挑剔的父母！

这种情况几乎是无法避免的。如果一个人正经历着找茬鬼的攻击，其他人不可能不对他产生评判。那个内疚的受害者，关系中的孩子，会从身边的人中找到那个挑剔、苛责的父母。同样，爱评判的人会激活其他人的找茬鬼，以及随之而来的自卑感。

大多数人小时候都有这样的经历：你做了错事，你知道你做错了，你感到内疚。你的父母走进房间，他们看着你，发现你很内疚，他们问道："你是怎么搞的？"**长大成人后，我们的愧疚感也会从外部世界引起与父母相同的指责。不需要我们把话大声说出来，有我们的表情、能量和发出的信号就足够了。**

找茬鬼会引起别人的评判

当来到言语互动的层面时，我们可以看到被找茬鬼的评论唤醒的审判官。艾玛是个迷人的年轻姑娘，她心里有个活跃的找茬鬼。找茬鬼觉得艾玛的鼻子一无是处，应该去整一下。艾玛询问朋友们的意见，大多数人都认为她现在的样子就挺好的，他们如实地告诉她。客观地说，他们说得对。但她接着说："嗯，如果我把这里改窄一点，那里改短一点，是不是很好看？"这唤醒了每个人心里的审判官，这时，他们可能会同意艾玛的找茬鬼，没错，整鼻子是个好主意。

简是一个漂亮的女人，有着妖媚的身体，然而她的找茬鬼非常可怕。她被自己身体的瑕疵所困扰。她看着自己的赘肉，为不再合身的衣服而烦恼，她觉得自己很胖，她数着自己的皱纹，为自己的皮肤不够紧致而哀叹，她把自己的缺点和其他女人进行比较。过去，她的丈夫弗兰克认为她很漂亮。但现在，听了她说的所有问题，他开始怀疑，也许，她是对的。这些年来，弗兰克的评判被诱发出来，他看简的方式变得和找茬鬼看她的方式一样。现在弗兰克也不觉得简漂亮了。找茬鬼最担心的事变成了现实。

找茬鬼也会影响对作品的评价。查尔斯交了一份报告给他的老板。这份报告写得很好，但查尔斯的找茬鬼不这么认为。她（查尔斯的找茬鬼是位女性，因为她的话听起来就像是他的母亲，一位老师）指出了他报告中所有的错误。老板沉默了一会儿，查尔斯无法忍受这种沉默，在找茬鬼的催促下，他说："好吧，我知道，如果你非常严谨地查看，并不能直接从发现中得出结论。"老板之前根本没发现，现在，在找茬鬼的提醒下，他看到了这点，接着，他开始批评这份报告，并指出所有他之前认为不重要的问题。现在在工作的不是老板，而是老板的审判官。事实上，得出的结论没有问题，报告也很好，但是一旦优秀的找茬鬼和强势的审判官在一起，任何事情看起来都会很糟糕，就像查尔斯的报告一样。

找茬鬼是沉默的诠释者

总的来说，找茬鬼是个爱说话的自我，它不能忍受沉默。这会从两个方面影响我们的关系。

首先，就像我们在上一个例子中看到的查尔斯，找茬鬼急急忙忙地冲出来，解释他人的沉默——这是灾难性的！当查尔斯等待老板评价他的工作时，找茬鬼感到恐慌。就像我们之前提到的，找茬鬼害怕我们被拒绝，被发现不够优秀。查尔斯很清楚，一份花了2个月时间准备的报告要花上一段时间才能读完。显然，他的老板会花一些时间读报告，理解内容，再做出评价。但是找茬鬼并不知道这一点，找茬鬼听到的是震耳欲聋的沉默，它感到恐慌。找茬鬼占据了上风，由于查尔斯没有觉知自我，因此没有人提醒他这个客观事实：老板需要一些时间来读报告。相反，找茬鬼因为自己对沉默的解释而感到难以承受的压力，为了取悦老板，它不由自主地说出了对报告的批评。

查尔斯向我们展示了一幅痛苦的画面，描绘了找茬鬼如何处理他人的沉默。当别人在你面前沉默时，你的找茬鬼会说什么？如果你是一个女人，一个刚刚在聚会上见过的男人突然不说话了，你的找茬鬼会说什么？他愣住了？他太希望你喜欢他了？不太可能。找茬鬼更有可能告诉你，他觉得很无聊，很生气，他觉得你缠着他，他希望你能走开，这样他就能和隔壁房间的人聊聊。

在亲密关系中，我们通常不会一直说个不停，否则我们会疲惫不堪。但是沉默对爱说话的找茬鬼来说是种威胁。它很担心，于是用内心独白填补沉默。它会想到各种各样的原因来解释为什么别人会对我们失望、厌烦、生气。原因中当然不包括他们会犯困，考虑中午吃什么，担心工作上的事情，浏览待办清单，和其他可能扰乱思绪的成千上万件事情，找茬鬼从不这么想。对于找茬鬼来说，这是充满了评判的沉默，而我们一定做错了什么。如果仔细聆听，你甚至会听到它说："我做了什么？""为什么她（他）不跟我说话？""他（她）为什么看起来这么生气？""出了什么事？"

找茬鬼因无法忍受沉默而使我们的关系受到影响的第二种方式是，它不允许我们进入"存在"（being）的状态，这直接阻碍了我们的亲密关系。它让我们一直保持"行动"（doing）模式。存在状态指我们可以和另一个人放松地待在一起，不用表演。只是待着，哪里也不去，什么也不做，这是非常亲密的方式。然而这种安静让找茬鬼感到恐慌，他必须说点什么，做点什么，来填补每一个空白。

现在让我们仔细看看找茬鬼是如何阻碍关系中的亲密的。

找茬鬼会阻碍亲密关系

与他人安静相处的能力是亲密关系中非常重要的一个方面，因此，我们希望能更充分地阐述这一点。找茬鬼因沉默而恐慌，它不允许这种状态的存在。我们因而失去了在沉默中享受深沉而宁静的亲密的机会。

内在小孩是我们与他人建立真正的亲密关系的关键因素。它让我们在亲密关系中自然、体贴，体会到更深的情感。当它被找茬鬼虐待时，它无法在关系中为我们提供帮助。它受到了太大的伤害，无法出现并与另一个人建立联结。这让我们陷入了恶性循环。找茬鬼让内在小孩远离那些可能会帮助它、疗愈它的人，让它远离爱、亲密和支持，再以此为理由虐待它、遗弃它。

找茬鬼一直喋喋不休，让我们认为自己是受害者。它告诉我们，我们不配得到任何好的东西。因此，我们在关系中经常把自己当作受害者。这会让人产生同情，或是生出评判，但不会带来想要分享、相互欣赏、势均力敌的亲密关系。

在一段亲密的性关系中，活跃的找茬鬼杀死了阿佛洛狄忒（爱神）。找茬鬼是个话匣子，却不是爱人。它无法与另一个人以情欲的方式连接。更糟糕的是，它有一个坏习惯，喜欢批评你的外表和行为。这些严厉的批评会减少你的性行为，降低你的性能力。毕竟，如果你担心你的样子，你的味道，你的声音，你的表现好不好，你的高潮够不够，你就不太可能自然地享受性行为。谈到性能力，找茬鬼都是专家。

除此之外，找茬鬼会阻碍你接受一切好的东西。即使你的朋友或爱人对你的评价是积极的，找茬鬼也会使他们的爱和赞美化为乌有。它会等到晚上，最好是凌晨，你一个人的时候，它开始回顾别人对你的赞美。然后，即使你很想相信这些赞美之辞，找茬鬼还是会用下面的话将它们屏蔽，非常有效：

他们不是那个意思。

他只是为你感到难过，所以说了点好话。

你骗了他们。

如果她像我一样了解你，她就不会这么说了。

等他靠近你，他就会知道你到底是什么样的人。

她只是说了你想听的话。

他只是在你这儿有利可图。

她在控制你，她不是真的这么想的。

他们只是不知道事情的全部。

　　有时，找茬鬼摇身一变，变成了审判官，它让我们与他人保持距离。之所以会有这种情况，通常是因为我们真的爱上了某个人，而且在关系中特别脆弱。这让找茬鬼感到焦虑。它开始批评我们，让我们变得更好，能够配得上另一个人的爱，而如果痛苦或焦虑过于强烈，审判官就被唤醒了，审判官替代了找茬鬼。我们发现自己在推开对方，因为他/她做的每件事我们都不喜欢，甚至是厌恶。如果审判官突然以这种方式出现，最好去找找茬鬼，很可能它是幕后操纵者。

　　所以，当你在思考一些在人际关系中遇到的问题时，我们建议你向老朋友找茬鬼寻求帮助。看看它在做什么，你可能会发现它一直以来扮演的主要角色就是一个无心的破坏分子，扮演这个角色它驾轻就熟。

如何使你的人际关系不受找茬鬼的影响？

　　当你看完本章最后的练习，你就会知道找茬鬼是如何改变你在关系中的角色的，它让你变成了无力的孩子或挑剔的父母。这些模式，我们称之为联结模式，是不快乐的原因。我们的书《拥抱彼此》中详细描述了这些模式，并讲述了该如何处理它们。在本书中，我们主要关注找茬鬼在其中所起的作用。

你能做些什么来改善人际关系中的联结模式呢？首先，借助本书和书中的练习，留意找茬鬼的行动，觉察你的行为模式，按照书中建议的步骤做出改变。你可以使用任何个人成长体系或治疗方法作为补充。所有帮助你与找茬鬼分离，帮助你获得内在权威的事情都有所助益。这是一个循序渐进的过程。找茬鬼不可能一夜之间消失得无影无踪，但坚持下去，你可以削弱它的力量，将它变成你的盟友，用它惊人的才智和无限的能量更好地支持你。

你在关系中能做的最好的事情就是尊重自己的需求和感受。当你感觉脆弱的时候，找茬鬼就开始工作了，它担心你的安全。如果你能够掌管全局并有效地处理各种问题，它就不需要出来工作。你所做的所有身心灵的疗愈都是为了帮助你成为一个更有效率的人，让你能够更好地照顾自己，降低找茬鬼的焦虑水平。另一种说法是，如果你足够关心你的内在小孩，找茬鬼就可以不再扮演父母的角色。如果找茬鬼不再将你撕碎，你会从关系中获得更大的满足感。

记住，你的找茬鬼会唤醒别人内心中的审判官。不要将它的批评复述给你在意的人，那些你想要获得爱和欣赏的人，不要养成这样的习惯！这样做，只会让他们注意你的缺点，无论这些缺点是真是假；这样做会招来评判。在特定的场合下处理找茬鬼的评论（比如在互助小组中或心理治疗时），而不是在与重要的人的日常交往中。

如果有人在你面前沉默，而你感到非常不舒服，停下来想想，这可能是找茬鬼的反应，是它对沉默的解读。按照本章最后练习8中的方法检视你的想法。你觉得对方在想什么？再与现实核对。问问对方他/她在想什么，你可能会对答案感到惊讶。可能真的是"什么都没想"，许多人只是静静地坐着，大脑放空。也可能是一些与你无关却让他心烦的事情，比如财务问题。这只是一些可能的答案，这些答案为你提供了真实的信息，帮助你缓解找茬鬼的焦虑。

最后，翻到本章最后的练习9，当有人表扬你时，留意你的反应是什么。当找茬鬼用恶意的言语反驳别人对你的赞美时，记住，是找茬鬼在说话，上帝不一定这样想。当你意识到屏蔽赞美只是找茬鬼保护你的方式时，注意这些赞美是怎么被找茬鬼挡在外面的。试着让积极的信息进来，体会那是什么感觉。当然，你要警惕这些信息是不是假的，但大多数时候，它们就是表面上看起来那样。

总而言之，任何与找茬鬼分离的努力都将大大改善你的亲密关系。一直以来，人们都相信：先爱己，而后爱人；自爱者，人恒爱之。除非找茬鬼不再控制你的自我形象，否则你不可能真正爱自己。

● 找茬鬼是怎么破坏你的人际关系的？

正如我们在本章开头所说的，找茬鬼在你的原生家庭中成长、进化，并影响你现在的人际关系。下面的练习将帮助你了解它是怎么做到的。

1. 在你的原生家庭中，你在谁的面前扮演审判官的角色？你评判他们的哪些方面？

2. 在你的原生家庭中，有人对你评头论足吗？是谁？他是怎么批评你的？（这个问题可能已经在第一章的练习中回答过了。）

3. 你听到找茬鬼重复这些批评了吗？如果听到了，他们重复了哪些内容？（这也可能在第一章的练习中回答过了。）

4. 在你目前的关系中，你会变成审判官吗？你会评判谁？评判什么内容？你觉得他自卑吗？（这是联结模式的象征。）

5.在你目前的关系中，你会觉得自己有时像个无力的孩子吗？（这会提示你，你在联结模式中是什么角色。）

6.在你目前的关系中，谁在评判你？谁的评判让你害怕？哪些评判让你特别烦躁？

7.你还记得上次有人在你面前沉默是什么时候吗？你觉得那个人会怎么看你？

8.下次有人在你面前沉默的时候，试着感受找茬鬼是如何解读这种沉默的。你是不是觉得他在生你的气？不赞同你的观点？觉得你很烦？

9.当别人表扬你时，找茬鬼会在你耳边说什么？

第十五章
总结

我们已经知道，找茬鬼在我们的关系舞台上扮演了重要的角色。让我们回顾一下它影响我们行事风格的几种重要方式。

找茬鬼非常在意我们与别人的关系。它：

非常担心别人对我们的看法；

想到我们傻里傻气的就手足无措；

害怕我们被评价，被拒绝，被抛弃；

判断我们是否做好了建立关系的准备，却发现我们总是不够好；

害怕我们不能成为好伴侣和好父母。

找茬鬼成长于我们的原生家庭中。它：

附和别人对我们的评价（比如：你是自私的；喜欢指挥别人；你真蠢；你很弱），这些评价来自我们的家人，或其他对我们重要的人；

附和我们对别人，特别是我们家人的判断，警告我们不要像他们一样（比如，不要像他们一样软弱、被动等等）；

认为我们的否认自我是危险的、不可接受的；

非常理直气壮；

最开始是在我们的家人或亲戚的帮助下成长起来的，他们现在仍然支持着找茬鬼；

把我们和周围的人比较，认为我们不如他们。

找茬鬼是我们人际关系中的主要破坏者。它让我们变得脆弱，像个孩子，让我们受他人摆布，被别人的评价、需要和要求支配。它告诉我们，我们没有权利独立，没有权利提出需要，没有权利建立界限。在人际关系中，找茬鬼：

重塑我们童年的关系；

同意我们身边每个人的评判；

让我们脆弱；

让我们在别人面前表现得像个孩子；

让我们怀疑自己；

积极地唤醒别人的审判官；

引起他人的评判；

认为沉默是别人对我们不满的表现，在沉默时会质问我们做错了什么；

干扰我们的性行为；

非常爱说话，不能忍受沉默，也无法与人深度相处，而亲密会从这些行为中产生。

最后，找茬鬼羞辱和虐待我们的内在小孩，使它不能与他人正常相处，这直接妨碍了我们与别人建立亲密关系。因为承载着我们内心中最敏感、最真挚的感受的，正是内在小孩，它是我们建立真正的亲密关系的主要因素。当它受到惊吓，被虐待，觉得自己像个受害者时，它就不能自然地与人交往，它身上带着的那种深刻的、满足灵魂的亲密感也消失在了我们所有的关系中。

第四部分

善用
找茬鬼

第十六章
理解找茬鬼心中的焦虑

> 当我们开始体会找茬鬼，我们可以把它看成一个报警系统，不断发出求救信号。它在拨911。它提醒我们可能会经历痛苦、愧疚，可能被抛弃。找茬鬼在喊："救命！请来帮助我，这种情况我处理不了！"

与找茬鬼和平相处的一个基本原则是转换原则（conversion principle）：找茬鬼因为心中的焦虑与恐惧而向你发起攻击，当它攻击你的时候，把你的痛苦转化为对它的理解，理解它的担忧与不安。在本书中，我们已经多次提到这点。在本章中，我们希望更加深入地探讨这个问题，并教你如何利用这种理解。

人们有各种不同的方式应对找茬鬼的攻击。有些人不知道发生了什么，只是感到沮丧。一般来说，他们是找茬鬼的受害者，在生活中也扮演着受害者的角色。另一些人则会立即攻击他人，他们开始挑剔别人，而不是感到自卑、郁闷。强大的批判自我是一个明显的信号，说明有一个强大的找茬鬼正在其背后工作着。正如我们在前文提到的，一般情况下，那些看起来最有力量、最挑剔的人，他们的核心是非常脆弱的，经常批评自己。在某些大灾难的影响下，他们可能会发现，他们心里的找茬鬼确实存在，而且过得很好。

第三种应对方法是把它投射到生活中某个挑剔的人身上。这时，攻击似乎变成了一场与外人进行的较量，而在心灵深处，找茬鬼仍然拥有无上权威，在我们的内在世界有序地运作着。我们发现，如果一个人的父母非常挑剔，他会像叛逆的孩子一样生活，将找茬鬼投射到外部的权威人士身上，这些人让他想起自己挑剔的父母。同样，有些人会因为宗教教义过于严苛而退出。他们往往会走向另一个极端，转而相信与教会完全不同的价值观，这套价值观与他们在早年间参加教会时，教会所代表的一切相悖。然而，人们仍然会将对宗教教义的批判投射在教会上，而且这种批判可能会一直存在。不幸的是，这些人可能永远也不会意识到教会和对教会的评判也存在于他们的头脑中，他们恨之入骨的评判是找茬鬼导演的，而对教会和其他人的评判则是源于他们挑剔的本性。在我们成长的过程中，我们受到的评判越严厉，我们就越难脱离家庭的战场，也越难意识到这场战争不仅在外面打响，也存在于我们的心里。

第四种应对找茬鬼攻击的方式是反过来攻击找茬鬼。采用这种方式的人通常对找茬鬼有些察觉。他们会跳到与找茬鬼相反的那一边。例如，如果找茬鬼说玛米太自私了，应该对艾姆婶婶好一点，玛米就会生气，不肯在艾姆婶婶生日那天给她打电话。因此，像玛米这样的人，都成了叛逆的孩子，他们反对找茬鬼主张的一切。就像我们在前文中看到的，如果他还有个挑剔的父母，说着和找茬鬼一样的话，那么他叛逆的情况会更严重。因此，这个孩子既反抗外在的父母，也反抗内在找茬鬼的要求。

如果人们接受过心理治疗，就会知道要坚持自己的内在需求，那么他们也可能会反抗找茬鬼。他们学会了坚强和强硬，他们坚决地对找茬鬼说："我不会再让你这样胡说八道了！"找茬鬼不会离开。它们只是躲了起来，等待东山再起的那天，那时，它们会再次提出这些问题，像往常一样，强大，又带着些许得意。因此，攻击找茬鬼不能解决任何问题。

深入找茬鬼的内心

我们认为，找茬鬼的攻击实际上是在求助。它就像你体内的警报系统，警告你有危险。从某种程度上，它让你知道，它不快乐，它很焦虑，它非常关心你的所思、所行、所感。它害怕你经历痛苦，被拒绝，被抛弃。它害怕你看起来很蠢，让自己蒙羞。

要穿越找茬鬼的批评，将你的痛苦转化为理解，你必须牢记找茬鬼的源头，它是怎样诞生的，它为何诞生。请你记住，它曾扮演了一个重要的保护者的角色，保护那个年幼、脆弱、毫无防备、敏感的你，这个孩子今时今日仍在你的身体里，它一直都在，直到永远。

找茬鬼记得你被伤害时的痛苦。它记得你所经历的羞辱，它知道那是多么可怕。它记得你的伤痛：当人们嘲笑你时，当你的母亲当着朋友的面对你咆哮时，当你的父亲嘲笑你第一次做成的木头箱子时。它会不惜一切来帮助你免受痛苦，即便这样做会毁灭你。它清楚地记得你被父母和兄弟姐妹抛弃时的恐惧，无论是真的被抛弃还是默默地被放弃。它记得那些不安的夜晚，父母不在身边，只有你和陌生的保姆待在家里。它记得那些被噩梦惊醒的夜晚，陪伴你的只有恐惧和无尽的黑暗。它不会再让你经历这些痛苦，为此，它愿意做任何事情！

这就是为什么找茬鬼一般都是内在小孩的敌人。**对找茬**

鬼来说，内在小孩的脆弱与我们的痛苦、羞愧和恐惧绑定在一起。找茬鬼必须让我们时时刻刻处在它的控制之下，做正确的事情，心态正确，饮食正确，学习正确，是正确的母亲和员工。也许这样我们就安全了。如果可以的话，它会购买许多反痛苦、反羞辱的保险，确保我们的安全和幸福。

找茬鬼总是压制内在小孩，这样生活才会正常运转。找茬鬼不会找到我们，对我们说："我感到很脆弱，因为你的饮食方式。我担心你会生病，不能工作，这对我来说很可怕。"这是内在小孩会对我们说的话。找茬鬼总是将我们的脆弱推开，以其独特的冷酷、理性和挑剔的语气对我们说："你真是个懒汉。你什么时候能有点控制力？这东西对你来说是毒药。你就是意志力薄弱。"

当我们在这句话中应用转换原则，真正深入到攻击背后，我们会发现找茬鬼心中的脆弱。我们再听它说的话，听起来就完全不同了，它在告诉我们它对我们的饮食方式感觉有多糟糕，它有多害怕生病，它对接收到的所有矛盾的信息有多困惑。我们发现找茬鬼真的在向我们求助，它被这个世界和它的要求所淹没。接着，我们发现，当我们学会照顾找茬鬼的时候，我们也学会了照顾内在小孩。

写日记

进行心音对话的时候，有一个引导者是十分必要的，他与你的自我对话的过程，会帮助你觉察到这些不同的自我，学会看到、听到、感觉到它们。另外，心音对话能够帮助你建立觉知自我，它帮助你觉察到主要自我，并与它们分离，最后，发现并接受否认自我。最终，你会想要学习如何整合这些自我。其中一个好办法就是写日记。

写日记这种方法已经出现很长时间了。它最初由一个研究荣格的治疗师，伊拉·普罗果夫（Ira Progoff）提出，并为人所熟知。最近，露西娅·卡帕基奥内（Lucia Capacchione）写了一系列关于这一主题的书，进一步发展并推广了这种方法。露西娅所有的书都值得阅读，我们重点推荐这两本：《你被忽略的力量》（*The Power of Your Other Hand*）和《找回你的内在小孩》（*Recovery of Your Inner Child*）。在书中，她对写日记这种方法进行了深入的讨论，我们在这里总结一下。

写日记是一个自然的过程。毕竟，人们写日记已经有几百年，甚至几千年的历史了，许多关于这个世界和历史人物的信息都是从个人日记中获得的。过去，人们在日记中记录事件、感受和想法。后来，荣格受自己的研究和活跃的想象的影响，他开始在日记中加入了一些新的东西。在想象的过程中，荣格开始与他内心世界的人物进行讨论。他会写下梦中的人物、内心的声音、他的感觉，好像他真的在和另一个人对话一样，事实上，他确实是在和另一个人对话，只不过这个人在他心中，而不在外在世界中。

写日记的过程非常简单。你坐下来，在笔记本上写下"我"，它负责与你的自我对话。对话是这样的：

我：我想和你谈谈，我发现了你有多么强大，对我的生活有多大的影响。

找茬鬼（或其他任何自我）：嗯，我很高兴你意识到了我有多么重要。如果你能早点知道，并且按照我说的做，事情会好很多。

我：不，我不是这个意思。我知道你很强大，但我也意识到了你对我的控制有多强。你一直在批评我。

找茬鬼：嗯，我批评你总比别人批评你好……

我们可以看到，写日记是心音对话的重要补充。我们发展出的独立于各种自我之外的觉知自我越强，日记中的"我"与不同自我的对话效果就越好。如果没有与各种自我的分离，"我"不可能进入写日记的对话部分。在写日记的过程中，重要的是要全身心地投入，越投入越好。我们需要让我们的感觉、情绪和思想都参与进来。我们在对话中投入的感情越多，结果对我们越有意义。因为这个方法简单有效，它已经成为我们推荐的主要方法，帮助人们继续探索不同的自我。

我们的内心住着各种各样迷人的自我，除了在日记中与我们对话的找茬鬼，还有脆弱小孩、治疗师、客观者、支持型家长和智者。我们还可以与责任型家长、叛逆者、害羞小孩、神奇小孩、奋斗者、完美主义者、力量者对话。探索内在自我永无止境。

有时，人们在想象中与自我交流，没有以对话的形式写下来。这也可以是非常有效的；如果有效的话，就继续这样做。然而，我们的经验是，将对话写下来会让声音更清楚、更具象，同时，更密切的关注也会强化觉知自我。

有些人会把不同自我的对话录下来，还有些人让不同的自我坐在不同的位置：客厅沙发或椅子上。如果我们把不同的自我比作管弦乐队中不同的音乐家和乐器，我们必须牢记在心的是，最终我们需要提升的是指挥，也就是觉知自我。没有指挥家，就无法将不同的元素结合到一起，创造出美妙的音乐。所以，无论你用什么方法觉察不同的自我，请记住：觉知自我是重中之重。

通过写日记了解找茬鬼心中的焦虑

约翰已经能分辨出找茬鬼的话了。它总是批评他的身体。它提出了他身体的很多问题，其中最重要的是他正在脱发。它不停地告诉他，他正在变秃。约翰花了很多时间仔细观察他的头发，想要知道到底变秃了多少。这影响了他与女性的关系，他会因为头发而感到难为情，他认为女性一直在不满地看他的头发。到目前为止，他一直是找茬鬼的受害者，找茬鬼在他身上的作用与他的母亲在他成长过程中的作用非常相似。他的母亲总是仔细观察他，发现他可能出现的问题，然后批评他。

因为找茬鬼，约翰学会了辨认疯狂电台的声音。他能够与找茬鬼脱离开来，他已经形成了觉知自我，能够听到它的声音，并掌握了一些方法，能够唤醒它。一天，他一边写日记，一边和找茬鬼对话。他问找茬鬼："你为什么总是批评我的头发？头发为什么对你这么重要？你肯定很困扰吧。头发为什么让你这么烦恼？"他不再害怕找茬鬼，不再与它作对。他能够客观地看待这件事情，他很想知道令找茬鬼心烦意乱的原因是什么。

找茬鬼的回答让他大吃一惊。

找茬鬼（通过写日记）：我担心没有人想要和你在一起，你会孤独终老。

约翰：你为什么会因这件事而烦躁呢？

找茬鬼：人们会不尊重你。他们会觉得你找不到女人。我害怕别人对你的评判。还有，你老了会出什么事呢？我害怕你独自一人生活，没有人照顾你。

约翰与找茬鬼的对话仍在继续，我们只摘录了其中几句来作说明。这次讨论与他多年来所遭受的攻击和指责有多么不同啊！这一次，面对找茬鬼的批评和攻击，他不再是忧心忡忡的受害者，他来到了找茬鬼的背后。**他听懂了它的攻击，那是它的呼救，他深入了解到找茬鬼的根本问题：焦虑和脆弱，这么多年以来，这些问题一直在推动着找茬鬼的行动。**难怪很多人发现这一点时，觉得自己好像从监狱里走了出来。突然之间，找茬鬼变成了需要抚慰的人，而不是反过来。

相比之下，珍妮特的找茬鬼在意的是她的杂乱无章。在心音对话中，它会批评她对工作有多马虎，所有东西她都不知道在哪里，她还能有一份工作谋生，简直是奇迹。珍妮特辨认出了找茬鬼的声音，听出了话语背后隐藏着的焦虑。一天，在给找茬鬼写信的时候，珍妮特问它为什么总是为她的杂乱而烦恼。她说，她知道自己不是很整齐，但找茬鬼所在意的，似乎比这个问题这更大，程度更深。找茬鬼这样回答道：

找茬鬼：当你很乱的时候，我很害怕。事情似乎失去了控制，我害怕会有什么事发生。

珍妮特：你在害怕什么？

找茬鬼：灾难！你可能会被解雇。可能会有人对你大喊大叫。当你把东西放错地方的时候，我觉得非常尴尬，我害怕有人发现，并因此批评你。上周，有一份文件你找不到了，我很担心你的老板会对你大吼大叫。他没有，你侥幸逃过一劫。

珍妮特现在已经把转换原则用在找茬鬼身上了。她听到了找茬鬼的攻击，意识到它吓坏了。她可能会暴露脆弱，找茬鬼站了出来，想要保护她。现在，珍妮特有了觉知自我，她能够带着慈悲与同情和找茬鬼交谈，而不再是它的受害者，最终她能给予找茬鬼支持，这是它迫切需要的。

总结

随着我们的阅读和身心灵的疗愈，我们形成了觉知自我，与找茬鬼分离，我们不再认同找茬鬼，也不再是它的受害者。

我们开始客观地聆听找茬鬼提出的批评。随着这个过程的持续，我们对找茬鬼攻击的能量和声音有了不同的解释。我们可以把它看作是求救的警报系统，提醒我们可能会有痛苦、丢脸和被抛弃的可能。找茬鬼像是在拨打911[1]："紧急情况！小心！我不会处理这种情况，请帮助我！"

因此，由于我们新培养起来的力量和权威，找茬鬼扮演了一个不同的角色。从本质上说，它成了我们所有弱点的代言人。当我们发现这些攻击背后的意义，它就不再以同样的方式打击我们了。我们学习处理它关心的问题背后的信息，学习用一种新的方式来关心找茬鬼。下一章我们将会讲解如何关心找茬鬼。

1　美国常用急救专线。

第十七章

成为找茬鬼的父母

当你学会做找茬鬼的父母时，你就开始管理你生活的各个方面了，在此之前，这些方面一直是找茬鬼负责的。在与找茬鬼的关系中，你承担起体贴的父母这一角色。这类似于承担起照顾年迈的父母的责任，他们照顾了你一辈子，现在已经没有能力再继续这项任务了，但他们仍然想用旧有的方式照顾你。他们现在需要你能够独立生活，除此之外，在缓解焦虑和解决生活问题时，尽管他/她不知道该如何开口，但他/她迫切地需要你的帮助和支持。

如果你认同一个主要自我，比如你的思想，那么你就认为你是那个自我。在这种情况下，你主要通过你的思想生活，你的感觉和情绪都不重要。没有"我"来反思这件事，因为你的思想**就是**你内在的"我"。因此，你没法选择自己的行动，即使你相信你可以。你的思想决定了你对待生活、工作和人际关系的方式。

如果你的主要自我是负责任的父母，那么你总是照顾别人，你认为"我"就是这样。如果你不知道自己认同这样一个主要自我，你就会认为你有选择，照顾他人是你做出的清醒的决定。一旦你发现，你认同的那个自我总是很负责任，那么你就处于一个与它分离的状态。你现在能够觉察到与它对立的那个自我在你的身体里。一边是你承诺要负责任；另一边，你承诺要照顾好自己。或者一边是你有力又权威的思想，另一边是你感受到的现实。这不是要拒绝或评判你的主要自我，而只是为了理解主要自我并不完全代表你，这样你就可以拥抱你自己的正反两面。

你的新角色：培养自我

现在，你有了一份令人兴奋的新工作。一个新的"你"，你的觉知自我，在你第一次脱离主要自我时诞生了。这个过程一旦开始发生，你就能在另一边发现并感受到被否认的自我。一旦你了解了主要自我和否认自我，你就有可能拥抱生活在你内心的多个对立面，并学会承受这些对立面所带来的压力。现在你们已经为新工作做好了准备，这是一项极其重要的工作：为自我承担责任，成为内在所有自我的父母。当你做这些事情的时候，你会有一个全新的、清晰的选择，这是你以前没有的。

包括找茬鬼在内的每一个主要自我，生来就是为了以某种方式照顾你的。一旦它们觉得身边有人可以管理你的生活，这个人当然就是你自己，它们就会很高兴地放弃这份工作。培养一个自我对你来说意味着什么？意味着成为那个自我的负责任的代理人。**因为大多数主要自我，包括找茬鬼，它们的成长在很大程度上是为了保护内在小孩，它们不能放松，不能放弃对我们生活的控制权，直到我们能够承担起照顾内在小孩的全部责任，并且能够适当地满足内在小孩的需要为止。**那么，让我们先想想照顾这个内在小孩是什么感觉。

我们和内在小孩交谈时，它会明确地告诉我们它需要什么，喜欢什么，不喜欢什么。它害怕某些人，它喜欢和别人在一起，和别人在一起它会感到安全。它可能会害怕旅行，害怕成群的人。它可能喜欢散步、洗热水澡、养毛茸茸的小动物或在电视上看动画片。它可能喜欢什么都不做，只是坐着发呆，没有任何要求。一旦我们知道了内在小孩的想法，就可以选择做什么或不做什么。养育内在小孩并不意味着同意它所有的需求，仅仅意味着我们要和内在小孩的需要、恐惧和焦虑保持连接；我们应该像好的父母一样对待它，安慰它，尊重它的需要和恐惧，鼓励它勇敢起来，在合适的时候适当地冒险。

假设你的内在小孩害怕出国旅行。这并不意味着你不去旅行。如果内在小孩害怕的事情我们都不去做，那么我们都不会做很多事情。然而，你可能会发现做一些事情会让内在小孩感觉更好。如果你订了头几晚的住处，他可能会感觉好一些。有些孩子想要自己的枕头。有些孩子喜欢你多带一些食物。大多数内在小孩都希望在紧急情况下能够得到照顾——有足够的钱、药品和御寒的衣服。很多内在小孩会请你带一些它们喜欢的有趣的书。还有的内在小孩喜欢你给它们写信，这样就有一种与家乡的人保持联系的感觉。有时最微不足道的事情也能让它们感觉更好，真让人惊讶。

养育内在小孩意味着我们能够发现它的恐惧和焦虑，也意味着我们能听到它的恳求，如此我们就可以根据整体情况做出选择。无论你选择做或者不做它们想做的事，它们都会觉得自己受到了很好的照顾。

记得我们组里有一位女演员，为了获得角色，她经常去试镜。她很害怕，经常吓得呆住了，因此失去了很多好角色。她慢慢意识到了找茬鬼和内在小孩。一点一点地，她知道了内在小孩在试镜时是有多么害怕，找茬鬼的反应则基于内在小孩的恐惧。试镜之前，女演员开始与内在小孩聊天。她做什么才能让内在小孩感觉好一点呢？这个内在小孩的一个要求是在试镜结束后得到一份礼物，这样它就可以期待一些特别的东西了。因此，女演员开始计划试镜结束后的特别出行——去吃一顿特别的午餐，或者去一些特别的地方，或者吃一份特别的甜点，或者一次特别的兜风，或者是内在小孩想要的特别的活动。形势变得相当可控了。恐惧并没有完全消失；只是呼救的声音被听到、被满足了。**我们实际上做了什么或没做什么并不重要；重要的是我们认真对待内在小孩和其他自我。**每个自我都表现得像一个真实的人，也有着像真实的人一样的感受。每个自我都需要我们的关注，都需要感觉到自己正在被认真对待。用这种方式照顾内在小孩，女演员成了她内在小孩的负责任的代理人，而找茬鬼也不那么消极了，因为它感觉更安全了。

让我们看看另一个例子，在这个例子中，苏珊通过学习处理内在小孩的问题来学习如何养育主要自我。苏珊来到了这样一个阶段，她脱离了主要自我，这个自我对别人非常负责任。在脱离之前，她对朋友随叫随到，一连好几个小时，从来不考虑自己的需要。有一天，在她有了这种新的理解之后，电话铃响了，是她朋友打来的，她很想聊一些个人问题。苏珊心中所有朋友的母亲这一角色立刻出现，只要朋友需要，它可以一直听她聊。然而，由于有了新的理解，苏珊知道她还有另一面。她调频到代表另一面的声音上，它说的话她之前完全没有听到过。它说："现在不是说话的时候，你还有很多事。告诉她你过会儿给她回电话。"

现在苏珊在这件事上有了一些选择，但她也有矛盾。苏珊会告诉朋友，她现在不能和她聊天，内在母亲对此感到恐慌，而苏珊的找茬鬼正在进行一场全面的焦虑攻击。它指责她自私。它告诉她，如果朋友们需要她的时候，她不在，就没有人想要和她做朋友了。尽管如此，她心里那个想要更自私的声音已经厌倦了总是对所有人随叫随到。那么，在这种情况下，苏珊该如何同时安抚内在母亲和找茬鬼呢？

苏珊安抚她有责任感的自我和内在小孩的主要方法是感受它们潜在的脆弱。她像母亲一样的处事方式是为了让小女孩苏珊感到安全。这位内在母亲害怕伤害她朋友的感情，因为她的朋友可能会抛弃她。如果苏珊没有在别人需要她的时候提供帮助，那么别人也会不给她帮助。同时，这种母性的自我与苏珊的脆弱和敏感紧密地联系在一起，它能深刻地感受到每个人的痛苦。因此，它能感受到朋友们的痛苦，确保苏珊能够帮助他们，希望这样他们就能永远在她身边，帮助她，关心她。但是苏珊已经发现，这并不是真正有效发展关系的方式。

苏珊现在必须接管养育内在小孩的工作，让内在母亲和找茬鬼知道它们可以放松，没有必要对每个人都随叫随到。它们做得很好，但现在她可以接管这项工作，并保证一切可以安全运行。然而，这意味着苏珊必须接管保护内在小孩的工作。如果还是由负责的自我和找茬鬼来做这件事，苏珊就无法建立任何合适的界限。如果觉知自我做了选择，并且能够处理因建立界限而带来的焦虑，它可以说不。**而我们总是给予他人的那部分自我不能保持合适的界限，因为它们害怕我们会被同伴针对、攻击或抛弃。**

肯定语

肯定语是冥想的一种形式，一般是口头的或是书面的。它们是一些话语，可以鼓励一个人的积极面，给人们带来更健康的能量，并获得神奇的支持。除此之外，肯定语也是养育内在小孩，处理找茬鬼消极情绪的一种方式。

肯定语有成百上千种，把它们作为一种冥想方法或是对找茬鬼的消极话语进行重新编程，是大有裨益，并且能带给人力量的。以下是一些肯定语的例子：

上帝是爱我的。

我是神圣的。

我敞开心扉，爱我周围的一切。

总的来说，我很好，我只是把自己封闭在了消极之中。

我是上帝之爱的能量管道。

这些肯定语的方式既能应对找茬鬼的否定，也能应对现实生活中的否定。正如你所看到的，它们被用来肯定一个人积极和健康的一面。找茬鬼反复说："你的问题是……"这是一种负面的确认。它不是肯定一个人，而是否定他。

肯定语不会让找茬鬼消失。我们的经验是，一个人不能通过努力让事情变得积极来摆脱消极。肯定语是一种培养全新的、更积极的自我的方法。问题是，一些找茬鬼在这种情况下会变得更强，似乎是为了平衡肯定语的积极性。

从我们的角度来看，使用肯定语的理想时间是在找茬鬼工作的时候，因为一个被忽视的找茬鬼或直接受到挑战的找茬鬼会成为越来越危险的对手。有了这种结合，你就会两全其美。你可以一边利用肯定语带来的巨大支持，一边学习理解和应对我们在本书中描述的找茬鬼。

抚养找茬鬼

在本书的开头，我们学习了识别疯狂电台，知道它什么时候播放，迈出了应对找茬鬼的第一步。接下来，我们学会了倾听，听它在说什么——辨认出正在广播的内容。然后我们了解到，可以把广播关掉，或者调到另一个频道，那里播放的节目更好。最后，我们知道了找茬鬼的攻击实际上是一种警报，就像它在疯狂电台里被反复播放。它是在求助，在它的批评之下，隐藏的是找茬鬼关于生活在这个世界的恐惧、焦虑和脆弱。

现在我们进入了下一步。我们开始抚养找茬鬼，接管它一直行使的职责。我们列举了例子，讲述了许多关于人们是如何成为内在小孩和某些主要自我的父母的内容。我们这样做的目的是让你们更好地理解养育内在家庭的概念。现在让我们来直接看一下抚养找茬鬼是什么样子的。

黛比是一位非常成功的女商人，在她成为行业翘楚的道路上，有一位同样成功的找茬鬼陪伴着她。找茬鬼一直跟她说，在工作中，她真的不知道自己在做些什么，最后总会有人发现这一点，到了那时，她会完蛋的。它还说，她永远不会找到伴侣，只要她还把所有时间都花在事业上，就没有男人会对她感兴趣。实际上，她的社交生活安全又愉快，但正如我们现在所知道的，找茬鬼的存在并不是为了奖励我们，不论我们是品行良好还是获得了成功。黛比慢慢意识到了疯狂电台的存在，也听到了它播放的信息，她开始考虑是否要选择关闭它。她用日记对话的方式与找茬鬼保持直接接触，加深她对找茬鬼的认识，了解它的焦虑和需求。

黛比：你为什么老是批评我的工作，说我永远也不会结婚？到底是什么让你不安？

找茬鬼：我很担心你的工作。你的责任太大了。男人才应该承担这种责任，女人不用。我害怕你会出丑，害怕最后没人想要和你在一起。

黛比：你因为这些感到害怕。这就是你这么多年来的批评背后的原因。我妈妈以前也这么说。她害怕这个世界，就像你一样。她也觉得这是一个男人的世界。

找茬鬼：听她说了这么多年，你也不能怪我感到害怕。你花了那么多时间学着无视她，学着坚强独立，你把所有焦虑都留给了我。我害怕这个世界，它吓到我了。我希望有个男人能照顾我们，保证我们的安全。一想到要孤独终老，我就害怕。如果你总是表现得毫不在乎，怎么会有男人想和你一起组建家庭？

找茬鬼还在说，但互动的性质完全不同了。找茬鬼现在正在交流内心深处的情感，攻击结束了。现在，黛比可以倾听找茬鬼的想法了，她已经成功地抵消了那些想法的消极性。她来到了攻击背后，寻找脆弱。让我们继续这个对话。

黛比：你看，我得去工作了。不过，我也理解你现在感到非常不安。我做些什么能让你感觉好点？

找茬鬼：不要在星期六工作。即使你只工作半天，也毁了这一天。别想着做奇迹女孩了。多去约会。你表现得太独立了。冒点险，向新认识的男人敞开心扉。别让我为你是否结婚负责，你知道你想结婚。我想让你体会我的感受，这样我就不用替你感受这些了。

黛比：你知道吗？我会仔细考虑这两件事的。我现在不能保证我一定会这样做，但我觉得你说得有道理。我也开始发现，我并没有在结识男性方面尽任何责任，即使我有很好的社交生活，但它们非常稳定，有效地阻止了我结识新朋友。你不得不背负着所有的焦虑，因为我对它们视而不见。

找茬鬼：我总是因为这些事情而受到不好的评价。内在小孩和我都害怕独自生活在这个世界上，害怕永远都没有孩子，害怕随着年龄的增长而感到孤独。我真的宁愿让你来操心，而不是让我来。

黛比：嗯，这确实是我的责任，而不是你的。我不能告诉你我马上就能处理，但我真的希望你能休息一段时间。我想我开始明白乔纳森（她的治疗师）说的，你真的需要一个妈妈来照顾你是什么意思了。我想我会成为那个妈妈的，我处理好这件事以后，马上就开始。

在这里，我们看到黛比彻底从找茬鬼的受害者转变为找茬鬼的父母。我们看到她发现了找茬鬼的恐惧，并慢慢承担起处理这些恐惧的责任。

像黛比一样，当你学会抚养你的找茬鬼时，你就开始管理你生活的各个方面了，在此之前，这些方面一直是找茬鬼负责的。在与找茬鬼的关系中你承担起体贴的父母这一角色。这类似于承担起照顾年迈父母的责任，他们照顾了你一辈子，现在已经没有能力再继续这项任务了，但他们仍然想用旧有的方式照顾你。他们现在需要你能够独立生活，除此之外，在缓解焦虑和解决生活问题时，尽管他/她不知道该如何开口，但他/她迫切地需要你的帮助和支持。

发生这种责任的转移时，你就会看到找茬鬼的消极是怎样被中和的，而找茬鬼能够发现潜在问题的特殊能力，则成为你内在支持系统的一部分。现在，找茬鬼成了你客观意识的一部分，你能够知道它的想法，这些想法与内在小孩的情感和需求有着直接而清晰的关系。因此，它现在是你的盟友，而不是对手。

变得更客观

你可能会发现，黛比在日记中给找茬鬼写信时，她的语气（或能量）是**客观的**，而不是**主观的**。无论找茬鬼是批评她，还是担心她，她都不生气。她认真地听着，带着几分超然。她没有努力让它开心，而是努力弄清楚是什么在困扰它，她能够做什么。应对找茬鬼的一个好办法就是采用这种客观的方式，同时连接找茬鬼和外部世界。

我们所说的"客观能量"（impersonal energy）是什么意思？当你不带有个人感情时，就不会太在意你与其他人的情感连接；你有明确的界限，能够清晰地思考和反应，而不会被他人的感受或反应过度影响。这不代表你孤僻或愤怒；这意味着你作为一个个体，是完全独立的。你承担你的责任，别人承担他们的责任。你不需要他们有任何特殊的感觉或行为。

与此相反，"个人能量"（personal energy）意味着容易被他人的感受所吸引。如果你的生活充满了个人能量，你会感到压力，要与周围的人保持情感联系。如果你感到他们的疏远或不快，就会变得心烦意乱。你没有明确的界限，所以很容易被周围发生的一切所影响。你在这个世界的优势更多地来自感觉，而不是思考。周围人的心情和他们对你的感觉是最重要的。

想象一位班主任，莱蒂，她的生活充满了个人能量。她热情而迷人，但她**必须**要所有学生都喜欢她。她不能有效地设定界限，也不能组织好课堂纪律。她在对学生们循循善诱和训斥威吓之间摇摆不定。即使她的教学工作做得很好，她发现，如果有人对她不满，也会毁了她的一天。她的找茬鬼总是焦虑不安，飞快地指出她所有的错误，一遍又一遍地回顾。每隔一段时间，课堂生活就会让莱蒂感到筋疲力尽，她觉得这种日子一天也过不下去，于是她退缩了。她输出了太多个人能量。因为她不能在别人在场的时候设定界限，所以她会时不时地休息一天，待在家里看书，这时，她甚至都不接电话。

与莱蒂相比，琳达是一位优秀的老师，她知道如何在课堂上不带个人感情。她知道，如果她想让所有学生都喜欢她，她就太脆弱了，会对他们失去控制。她将无法维持课堂秩序，不能让所有学生学到所有必须教授的材料。她是友善的、公平的、客观的，但她有良好的自我感和边界感，她不会被人摆布。因此，她的内在小孩受到了保护，她不会在任何人面前暴露自己的脆弱，她的找茬鬼也不会攻击她。

大多数女性被鼓励要有个性。父权制传统的一部分思想是，女性应该是温暖、感性的，对人类有无尽的同情，而男性则应该是冷静、超然、理性的。因此，女性在成长过程中常常被积极地劝阻，不要太客观、太超然、太独立。这些是非女性化的。

如果你生活在个人能量中，你往往会成为周围人的孩子。在他们的反应面前，你总是很脆弱。你可以想象这种个人的生活方式给了找茬鬼多少力量。找茬鬼的工作变成了让你与周围的人保持良好的情感交流。如果有人在你面前不开心或远离你，找茬鬼就会批评你。因为你必须要与别人亲近，找茬鬼会开心地告诉你所有你让别人不高兴的事情。

不用说，当你采取更不受个人情感影响的态度时，你会保持更多距离，也更客观。没有评判，你可以看到在人际交往中，哪些是你的难关，哪些是别人的难关。当你很客观的时候，你不会因为别人疏远你或评判你而变得绝望。你不必为了重新建立某种情感联系而取悦他们或反对他们。因此，当你不带个人感情、独立自主的时候，你就不那么容易受到别人一时之念的影响。你用足够的界限来保护自己的脆弱，你的找茬鬼就没那么需要焦虑了。在必要的时候，你能保持客观的态度，避免一些不必要的痛苦，这时，你就在有效地抚养找茬鬼。

灵性的态度

灵性的态度或信仰体系也有助于抚养找茬鬼。我们在这里讨论的不是一套要求你以某种方式行事的规章制度。我们谈论的是一种世界观，在这种世界观中，你将自己与一个更大的整体连接，向一种更高的力量臣服，这种力量会支持你做出转变。

生活艰难的时候，灵性的态度可能是必不可少的。它带给我们活下去的理由、意义和目的。在进行其他心理治疗之前，了解这些是很必要的。今天，世界上有越来越多鼓舞人心的作家和老师，他们帮助人们走进灵性，进入灵性的意识状态，并以灵性的方式生活。整个十二步疗法和以该疗法为指导的团体都建立在转变和成长的精神基础之上。大量的书籍和磁带都是关于灵性意识的。

我们发现，通过心音对话、某种形式的日记写作或使用视觉形象来连接内在的智慧人物或向导是非常有价值的。这种内在智慧或灵性声音会给我们很多支持，平衡找茬鬼的消极。在抚养找茬鬼的过程中，它可以为我们提供信息和建议，帮助我们处理找茬鬼心里的焦虑。

如果你需要更多信息

如果你发现你已经遵循了这些建议，而你的找茬鬼还是太强大了，你无法自己完成这项工作，那么请咨询专业顾问或心理咨询师。和顾问或心理咨询师一起工作时，一定要确定他是适合你的，不要和你不喜欢的人一起工作。还要记住，**心理治疗不是永远的；个人成长才是**。

你还可以考虑加入支持团体。我们发现，十二步疗法对于帮助人们应对找茬鬼、处理由找茬鬼产生的羞愧感特别有效。再次强调，请确定这个小组是适合你的，让你感觉很舒服。

最后，别忘了你还可以按照处方，在医生的监督下正确服用抗抑郁药或抗焦虑药。一些新药非常有效。虽然我们喜欢强调抑郁和焦虑的心理因素，但我们知道有些人最后是服用这些药物才结束了一生的痛苦。因此，我们想提醒你，如果你发现只做心理治疗不能解决你的问题，这些措施都是可行的，你一定要考虑它们。

第十八章
走向创意生活——找茬鬼变身了

找茬鬼的消极能量终于被中和后，它的想法就会成为你内在支持系统的重要组成部分。现在，你拥有客观、敏锐的头脑，而找茬鬼是其中的一部分。变身后的找茬鬼还能帮助你，保证你的安全。它让你有了权威，变得客观，拥有了设定适当界限的能力。这种支持就像有一个好的内在家长在保护你，保护你的创作过程。这样，你就可以自由地过上创意生活。

　　我们即将共同走到这段特殊旅程的终点。我们很高兴能与你们分享我们这么多年来观察找茬鬼所获得的知识和经验——包括观察我们自己的找茬鬼和别人的找茬鬼。你可能已经发现了，找茬鬼是永不停歇的源泉，让我们惊奇、着迷，同时，它也是对我们真正的挑战。

这些年来，我们对找茬鬼的态度也发生了变化。一开始，我们把它当作一个危险又狡猾的对手。我们想尽一切办法剥夺它的权力。我们拿它开玩笑，逗弄它，我们花了很长时间揭露它那些残忍、矛盾的要求，我们劝人们与它战斗。现在，我们试着去理解它，寻找它焦虑的原因，并与它深藏的担忧结盟，而不是听它表面的抱怨。我们的目标是帮助人们培养觉知自我，它可以直接打消这些忧虑，并为此负责，也可以缓解找茬鬼的破坏性。

当觉知自我接替了找茬鬼的工作，驾驶你的心理汽车时，找茬鬼在干吗？就像童话故事一样，它变身了。**当觉知自我承担起生活的责任，找茬鬼便不再那么焦虑，它有机会以一种全新的方式发挥它的众多才能，全力支持我们。**实际上是在找茬鬼的内部，形成了一种意识，它觉察到你的需求，在提出建议时将它们考虑进去。它保护你，也保护你的创造力。熟悉荣格心理学的人可能会注意到，找茬鬼和阿尼姆斯[1]之间有一些相似之处。在这个特殊的转变下，消极的阿尼姆斯变成了积极的阿尼姆斯。

1　animus，女性心中的男性成分。

客观思维（Objective Mind）

找茬鬼总是能分析——它分析一切！它的智力非凡。找茬鬼变身后，保留了这种智力和分析一切的能力，但它的分析和评价听起来不再像是批判。现在它是客观的，它的观察是敏锐的，而不是谴责性的。这里的关键是，当找茬鬼结束评价时，你不再觉得可怕。你不会觉得自己总是犯错误，也不会被征兆所困扰。你不再担心你失去了获得成功的最后机会。变身后的找茬鬼会客观地看待你，看待你的生活和工作，并为你提供它所看到的信息。

找茬鬼现在拥有了敏锐、客观的头脑；你甚至想要把它重新命名为"客观思维"。最终，它是理性的，它会帮助你清晰地思考，并做出适当的辨别。它可以不加评判地回顾一项工作，指出哪些地方做得好，哪些地方做得不好。它可以告诉你还要做些什么，或者哪些地方可以有不同的做法。它可以帮助我们编辑这本书。它会检查我们所写的内容并提出修改建议。它不会因为我们的愚蠢或犯错而责备我们；它只会告诉我们事情可以变得更好。

同样，你的客观思维也能在所有事情上帮助你。它不带有个人感情色彩。它甚至可以处理、分析那些承载着深厚感情的问题。它可以分析你的外表，哪些地方好看，哪些地方是希望淡化的？它在你的工作和职业方面有极大的帮助。它会检查你的报告，对你写的或者修改的内容做最后的检查，它会评估你的部门需要做哪些改变。如果你是一名治疗师，它可以指出，你的上一套干预措施不起作用，也许你应该尝试其他办法。在运动方面，它可以监测你的运动表现，提出建议，帮助你提高。

变身后的找茬鬼甚至可以在个人生活方面帮助你。变身为客观思维的它，可以帮助你找到自己的动机，观察自己的行为及其对他人的影响。它可以向你的觉知自我提供客观的信息，包括你人际关系的很多方面，比如冷静地观察你生活中重要的人。它可以帮助你抚养孩子。它在设定界限和维护自己界限的方面是非常有用的。

和找茬鬼一样，它的对立面——客观思维也能够在你生活中的所有领域运作。它清晰的视野可以随时随地帮助你做出你需要的辨别。

专注

变身后的找茬鬼带给你的另一个礼物是集中的注意力。它的感觉明显是集中的，而不是分散的。还记得它是怎么专注于每个细节的吗？现在这个能力可以为你所用了。它不再专注于你哪里出了问题，而是帮你专注于工作和生活中的所有方面，哪怕是最小的细节。

因为找茬鬼对生活的态度基本上是理性的，所以它不会被感觉所干扰。因此，它可以在有干扰的情况下保持注意力。伴随专注能力，找茬鬼带来了耐心。过去，找茬鬼有无尽的耐心寻找错误，而现在它可以用这些耐心帮助你，而不是与你作对。

纪律

找茬鬼的目标是让你做事时竭尽全力，这样你会是安全的、被爱的、成功的。作为你的盟友，变身后的找茬鬼仍然继续追求这个目标。它不会满足于敷衍地完成工作或漫不经心地尝试处理生活中的挑战。如果你努力尝试，尽你所能，它就会高兴；如果没有，它会继续给你压力，让你做得更好。

然而，这种压力不像以前那样无情、残酷。**随着找茬鬼的转变，它会意识到你的局限和弱点。因此，它的要求会是合理的。**在一个方面它的要求会特别有帮助，那就是它崇尚并坚持纪律。这样，它就像一个好家长，帮助你在生活的各个方面形成适当的纪律。

权威

还记得找茬鬼那不容置疑的权威吗？我们在这里谈论的，是它的权威光环，在这个光环之下，它所有的判断听起来都像是绝对真理。找茬鬼变身后，直接将这种权威转移给了你，也给了你更大的力量。找茬鬼的这个礼物在你生活的各个方面支持着你。你的新权威让你能够毫不犹豫地展示自己，并向别人传递这样的信息：你清楚地知道自己是谁，在想什么，想要什么。

你不用成为一个百事通或者让人讨厌的恶霸。权威就在那里。回想一下，你会发现，找茬鬼从来没有向你大喊大叫，也没有威胁过你；它只需轻声细语，你就会侧耳倾听。

良知

变身后的找茬鬼不仅具有客观思维、专注力、纪律和权威，它也有传统上我们认为与良知有关的能力。它对道德、是非有很强的辨别能力。

在消极的状态下，找茬鬼常常用我们的"坏"来折磨我们，有时它会暗示我们有无可挽回的缺陷或者无可救赎的罪恶。我们似乎永远也不能让它满意。即使我们的行为是值得表扬的，它也会找出我们邪恶的想法或动机来批判我们。变身后的找茬鬼则能够在道德和伦理方面客观地评价我们的行为，为我们在生活中的决策提供有价值的信息。

每个人都有自己的价值观和是非观。大多数人都希望达到某些道德准则，尽管有时我们并不清楚这些标准是什么。当我们违反这些准则的时候，我们的心情并不好受。转变后的找茬鬼可以帮助我们明晰这些准则，然后按照我们自己的道德标准行事。它让我们知道，我们也可以有不同的行为方式。再说一次，我们的意思不是说它斥责我们，让我们觉得自己很糟糕。它只是直接而客观地评价我们的思想和行为。毕竟，有时候我们真的需要这种帮助，尤其是来自内在权威的帮助，它一直支持着我们。

释放你的创造力

最后，你会发现，找茬鬼变身后，你的创造力就释放了出来，因为找茬鬼不再阻拦它。你在倾听你的直觉，允许你的创造性流动。你可以创造性地生活，享受自己的创作过程。

我们总是把找茬鬼看作对这一创作过程的主要干扰。当找茬鬼告诉我们什么都不会成功的时候，我们怎么能期望过上一种创造性的生活呢？我们怎么会去改变，去想新点子，去冒险呢？有找茬鬼守着，等着评论我们的错误，我们怎么会尝试去做别人没有做过的事情呢？当找茬鬼站在我们肩头，向我们展示我们所有的问题时，我们怎样才能完成一项工作呢？

一个强大的找茬鬼会通过指出我们的弱点和不足来削弱我们的勇气。它控制着我们。我们停滞在平庸的模仿中，不相信自己，也不相信自己能够创造。**如果找茬鬼很强大，我们能够安全地活在这个世界上的唯一方法就是和其他人一样，从不尝试任何新的或者不同的东西。**这样，找茬鬼找不到我们的缺点，也就不会焦虑。

同样，找茬鬼很强大的时候，我们也几乎不可能从事任何创造性的或艺术活动。当我们写作时，在我们就要将文字写下来的时候，找茬鬼就有一些负面的东西要说。它让我们窒息，让我们不能唱歌，也不能演奏乐器。我们的画作或雕塑作品受到了无情的、无休止的、焦虑的批评。我们意识到，几乎没有什么东西能够自由或优雅地流经我们。

当找茬鬼以如我们所描述的方式转变时，它就可以支持我们的创造力。它提供了专注、方法和洞察力，这是形成创作过程的重要组成部分。它可以提供必要的纪律。我们可以听从我们的直觉，创造我们自己的艺术产品，提出新的想法。然后，变身后的找茬鬼可以帮助我们客观地审视这些作品和想法，做出适当的调整和修改。它也可以用它的权威来支持我们。它就像一个好家长，培养一个富有想象力和创造力的孩子。

像能量舞者一样生活

　　一切都是能量。能量既不好也不坏，只是能量而已。找茬鬼是以特定方式振动的能量模式。我们所说的每一个自我都是一种能量，都在以它特有的模式振动。每个自我都有好的一面和坏的一面。

　　你已经看到了我们称之为找茬鬼的能量模式是如何与你作对的，它阻碍着你想做的每件事，让你的生活变得悲惨，直到在某些情况下，生活似乎不值得再过下去。你跟我们一起，走上了改变的道路。首先，你学会了倾听和发现你的找茬鬼，然后你学会了如何理解它，最后，和你新形成的觉知自我一起，你学会了如何与它"共舞"，而不是控制它。由于这些努力，你的找茬鬼开始变身，那些破坏性的特点也转变成支持性的。

　　让我们借此机会提醒你，这种变化既不是不可逆转的，也不是永久的。**当压力和脆弱增加的时候，找茬鬼就会故态复现。请不要气馁。这不是一场灾难，也不代表你失败了；**

这完全是正常现象。你只需要重复与找茬鬼分离的过程。你知道怎样认出它，也知道怎样利用它的能量与之共舞。记住，它很害怕，正在向你寻求帮助。

以找茬鬼为老师，我们向你展示了如何觉察一个自我或一种能量模式，如何与它分离，最后如何与它共舞。所有的能量都是这样，一旦你了解了它们，就能以不同的方式对待它们。它们不再需要掌管你的生活。你可以利用这些自我带给你的礼物，转化、降低或者避免它们消极的方面。

在本书的开头，我们欢迎你来到找茬鬼的国度。在本书的结尾，我们欢迎你来到觉知自我的国度，欢迎你以一种新的方式生活在这个世界上，用你与生俱来的独特创造力——做一个能量舞者。

附录1 **给你的找茬鬼打分**

每道题目有3个选项，1分代表很少发生，3分代表偶尔发生，5分代表经常发生。

1—45分　　轻量级找茬鬼

46—75分　　中量级找茬鬼

76—100分　　重量级找茬鬼

1.我会在晚上醒来，担心前一天犯下的错误。

2.我会回想和别人的对话，看看我做错了什么。

3.我不喜欢衣服穿在我身上的样子。

4.和别人在一起的时候，我担心他们会批评我。

5.我对尝试任何新事物都很谨慎，因为我害怕出丑。

6.我害怕别人嘲笑我。

7.我担心别人怎么想。

8.我常常觉得自己不如别人。

9.我希望我的身材更迷人。

10. 照镜子时，我想看看自己有什么问题。

11. 再读一次我刚写的东西时，我不满意。

12. 我担心我这个人从根本上出了问题。

13. 我想知道，如果别人真的知道了我的全部，他们会怎么看我。

14. 我把自己和别人比较。

15. 我似乎很容易引来那些挑剔的人。

16. 做出决定后，我会质疑这些决定，并认为我本可以做得更好的。

17. 当我说"不"的时候，我会感到内疚。

18. 在这样的测试中，我肯定我没有其他人表现好。

19. 我会尽量避免冒险。

20. 想到自我提升，我感觉自己有什么地方出了问题，需要改进。

总分数＿＿＿＿＿＿＿＿

附录2　找茬鬼的十二大特质

1. 它限制了你的创造力。

2. 它阻止你冒险，因为它让你害怕失败。

3. 它认为你的生活是一系列即将发生的错误。

4. 它削弱了你改变的勇气。

5. 它将你与他人进行不利的比较，让你感到"不好"。

6. 它害怕被羞辱，因此监控你的所有行为，来避免这种情况的出现。

7. 它会让你感到自卑，甚至抑郁，因为它告诉你你不够好。

8. 它会让你在照镜子或买衣服时感到痛苦，因为它会让你对自己的身材产生消极的看法。

9. 它的批评会带走我们生活中的所有乐趣。

10. 它使自我提升变成了一件不得不做的苦差事，因为它建立在你有"问题"的前提下。

11. 它不允许你接受别人的好感。

12. 它让你容易受到他人评判的影响，并经常成为受害者。

附录3 变身后的找茬鬼

作为支持者的找茬鬼的十个特点

1.它像一个积极的家长，支持你，让你安全地冒险，让你充满创造力，让你顺畅。

2.它是客观的，不让你担心别人会怎么想。

3.它帮助你设定恰当的界限。

4.它不再对别人的评判感兴趣，所以他们不会打扰你。这会帮助你从羞愧和羞辱的恐惧中释放出来。

5.它的力量让你拥有更大的权威。

6.它让你能够明确重点，集中注意力。

7.它有着客观的思维，能够冷静地分析事件和感情，不评判对错。

8.它能够客观地评估，这能够让你约束自己，保持行为得体。

9.它可以帮助你完成合适的咨询，获得合理的建议，而不会让你觉得这是因为自己表现不够好。

　　10.它可以引导你将自我提升看作一种成长或冒险，而不是一件苦差事，因为你没有任何"问题"。它不讨论病症和问题。

附录4　**心音对话的流程**

1.两个人加入心音对话中。一个是引导者，另一个是探索者。

2.引导者首先与探索者建立关系，与探索者一起决定探索哪些领域，从哪些次人格开始。

3.两个人都准备好以后，引导者要求探索者移动到另一把椅子上，或者将现有的椅子移动到房间中次人格所在的位置。探索者可以自己选择。

4.然后，引导者开始与次人格对话，时间可以持续几分钟到一个小时，或者更长的时间。不要试图评判或者改变正在被引导的次人格。

5.谈话结束后，让探索者回到他原来坐的地方。在这里讨论你们刚才做了什么。

6.作为讨论的一部分，当引导者总结已经完成的工作时，探索者要站在意识的位置上。

7.回到原来的位置之前，引导者有可能将探索者移动到另一个次人格的位置，也就是另一个座位上。或者，总结完成后，引导者可以继续工作，与不同的次人格对话。

8.决定与哪一个自我对话，何时与对立的能量一起对话，与多少个自我一起对话，以及把探索者引入到多深的地方，要依靠引导者的训练和经验。心音对话不是室内游戏，不能在没有经过训练的情况下进行。

9.在进行这项工作的过程中，不要试图评判或改变一个被引导的自我。此外，引导者不会让不同的自我相互交流。我们不去尝试让不同自我就彼此之间的分歧达成和解。相反，我们的目标是培养对它们的觉知，并形成觉知自我，无论它们各自有多么不同或对立，都能拥抱它们的独特性和整体性。

10.心音对话可以用于任何治疗系统。引导者"突破能量"的能力决定了心音对话的力量和它与其他治疗方式的区别，这需要专注力。它还要求引导者自己也曾被引导过，这能让探索者对每个自我产生真实感。

11.完整的关于心音对话的讨论可以在《拥抱我们的自我》一书中找到。在这本书的第二章中也可以找到相关描述。

附录5 一种更幽默的方式

幻想一下找茬鬼带来的八大产业利益

1. 它是心理治疗行业的重要支柱。

2. 它支持着整形外科行业。

3. 它支持着自助运动。

4. 它大力支持新潮书籍的销售。

5. 它支持着化妆品的销售。

6. 它坚定地支持着世界上那些挑剔的人，并帮助他们在挑剔中获得成功。

7. 它支持着阿司匹林等非处方药的销售。

8. 它有助于维持酒精和毒品的销量。

图书在版编目（CIP）数据

为什么总是看自己不顺眼 /（美）哈尔·斯通
（Hal Stone），（美）西德拉·斯通（Sidra Stone）著；
张歆彤，单逍逸译. -- 太原：山西人民出版社，2023.6
ISBN 978-7-203-12790-1

Ⅰ.①为… Ⅱ.①哈… ②西… ③张… ④单… Ⅲ.
①人生哲学—通俗读物 Ⅳ.①B821-49

中国国家版本馆 CIP 数据核字（2023）第 075935 号

著作权合同登记号：图字 04-2023-005

EMBRACING YOUR INNER CRITIC: Turning Self-Criticism into a
Creative Asset, Copyright © 1993 by Delos, Inc.
　　Published by arrangement with HarperOne, an imprint of HarperCollins
Publishers.

为什么总是看自己不顺眼

著　者：	（美）哈尔·斯通（Hal Stone）（美）西德拉·斯通（Sidra Stone）
译　者：	张歆彤　单逍逸
责任编辑：	王新斐
复　审：	吕绘元
终　审：	李　颖
装帧设计：	汐和 at compus studio
出 版 者：	山西出版传媒集团·山西人民出版社
地　址：	太原市建设南路21号
邮　编：	030012
发行营销：	010-62142290
	0351-4922220　4955996　4956039
	0351-4922127（传真）　4956038（邮购）
天猫官网：	https://sxrmcbs.tmall.com　电话：0351-4922159
E-mail：	sxskcb@163.com（发行部）
	sxskcb@163.com（总编室）
网　址：	www.sxskcb.com
经 销 者：	山西出版传媒集团·山西人民出版社
承 印 厂：	唐山玺诚印务有限公司
开　本：	787mm×1092mm　1/32
印　张：	8.625
字　数：	200千字
版　次：	2023年6月　第1版
印　次：	2023年6月　第1次印刷
书　号：	ISBN 978-7-203-12790-1
定　价：	48.00元

如有印装质量问题请与本社联系调换